Feinoptiker/ Feinoptikerin

Informationen für

- Ausbilder und Ausbilderinnen
- Auszubildende
- Berufsschullehrer und Berufsschullehrerinnen
- Prüfer und Prüferinnen

Impressum

Herausgeber:

Bundesinstitut für Berufsbildung
Friedrich-Ebert-Allee 114–116
53113 Bonn
https://www.bibb.de

Konzeption und Redaktion:

Annette Pohl
Bundesinstitut für Berufsbildung
annette.pohl@bibb.de

Kerstin Jonas
Bundesinstitut für Berufsbildung
jonas@bibb.de

Markus Bretschneider
Bundesinstitut für Berufsbildung
bretschneider@bibb.de

Autoren/Autorinnen:

Robert Mayer
DR. JOHANNES HEIDENHAIN GmbH
mayer.robert@heidenhain.de

Sven Pester
Jenaer Bildungszentrum GmbH
pester@jbz-jena.de

Hanna Emer
Carl Zeiss AG
hanna.emer@zeiss.com

Dr. Andreas Geiß
Glasfachschule Zwiesel
andreas.geiss@glasfachschule-zwiesel.de

Bibliografische Information der Deutschen Nationalbibliothek:

Die Deutsche Nationalbibliothek verzeichnet diese Publikation in der Deutschen Nationalbibliografie; detaillierte bibliografische Daten sind im Internet über http://dnb.dnb.de abrufbar.

urn:nbn:de:
ISBN: 978-3-8474-2851-0 (Print)
ISBN: 978-3-96208-443-1 (PDF)

Gesamtherstellung:

Verlag Barbara Budrich
Stauffenbergstraße 7
51379 Leverkusen
https://www.budrich.de
info@budrich.de

Mit freundlicher Unterstützung von:

Sekretariat der Kultusministerkonferenz, https://www.kmk.org

Abbildungen wurden freundlicherweise von der Carl Zeiss AG und der DR. JOHANNES HEIDENHAIN GmbH zur Verfügung gestellt.

Gedruckt auf umweltfreundlichem Papier

Vorwort

Ausbildungsforschung und Berufsbildungspraxis im Rahmen von Wissenschaft – Politik – Praxis – Kommunikation sind Voraussetzungen für moderne Ausbildungsordnungen, die im Bundesinstitut für Berufsbildung erstellt werden. Entscheidungen über die Struktur der Ausbildung, über die zu fördernden Kompetenzen und über die Anforderungen in den Prüfungen sind das Ergebnis eingehender fachlicher Diskussionen der Sachverständigen mit BIBB-Experten und -Expertinnen.

Um gute Voraussetzungen für eine reibungslose Umsetzung neuer Ausbildungsordnungen im Sinne der Ausbildungsbetriebe wie auch der Auszubildenden zu schaffen, haben sich Umsetzungshilfen als wichtige Unterstützung in der Praxis bewährt. Die Erfahrungen der „Ausbildungsordnungsmacher" aus der Erneuerung beruflicher Praxis, die bei der Entscheidung über die neuen Kompetenzanforderungen wesentlich waren, sind deshalb auch für den Transfer der neuen Ausbildungsordnung und des Rahmenlehrplans für den Beruf Feinoptiker/-in in die Praxis von besonderem Interesse.

Vor diesem Hintergrund haben sich die Beteiligten dafür entschieden, gemeinsam verschiedene Materialien zur Unterstützung der Ausbildungspraxis zu entwickeln. In der vorliegenden Handreichung werden die Ergebnisse der Neuordnung und die damit verbundenen Ziele und Hintergründe aufbereitet und anschaulich dargestellt. Dazu werden praktische Handlungshilfen zur Planung und Durchführung der betrieblichen und schulischen Ausbildung angeboten.

Ich wünsche mir weiterhin eine umfassende Verbreitung bei allen, die mit der dualen Berufsausbildung befasst sind, sowie bei den Auszubildenden selbst. Den Autoren und Autorinnen gilt mein herzlicher Dank für ihre engagierte und qualifizierte Arbeit.

Bonn, im Juli 2024
Prof. Dr. Friedrich Hubert Esser
Präsident Bundesinstitut für Berufsbildung

Inhaltsverzeichnis

!

Die berufsbezogenen Inhalte dieser Umsetzungshilfe geben den Sachstand nach abgeschlossener Neuordnung des Berufs 2024 wieder. Aktuelle Informationen und eventuell erfolgte Änderungen der gesetzlichen Vorgaben finden Sie unter: [https://www.bibb.de/dienst/berufesuche/de/index_berufesuche.php/profile/apprenticeship/feinop23]

ZUSATZMATERIALIEN ZUM DOWNLOAD

Materialien zur Unterstützung der Ausbildungspraxis finden Sie auf der Webseite des BIBB.

[https://www.bibb.de/dienst/berufesuche/de/index_berufesuche.php/profile/apprenticeship/feinop23?page=3]

1 Informationen zum Ausbildungsberuf

1.1 Warum eine Neuordnung?

Technischer Fortschritt, Strukturwandel und Globalisierung verlangen von den Unternehmen permanent neue Strategien, Ideen und Produkte. Um diese Herausforderungen heute und auch in der Zukunft meistern zu können, benötigen die Betriebe erstklassig ausgebildete Fachkräfte. Allerdings wird es zunehmend schwieriger, dieses Personal zu finden. Wie groß der Abstand zwischen Anspruch und Wirklichkeit werden kann, zeigt sich seit Jahren auch im Produktionsbereich des feinoptischen Handwerks und der Industrie.

Bei verschiedenen Treffen von Vertretern und Vertreterinnen der Industrie, des Handwerks und der zuständigen Interessenverbände, der regulierenden Behörden sowie auf Grundlage der Analyse der Trends zur Steigerung des Ausbildungsniveaus in den feinoptischen Betrieben wurde festgestellt, dass neben den typischen Qualifikationen zur Herstellung von optischen Bauelementen und Systemen insbesondere berufsübergreifende Qualifikationen eine besondere Rolle spielen. Die vorangehende Ausbildungsordnung des Feinoptikers und der Feinoptikerin stammt aus dem Jahr 2002 und ist somit bereits 20 Jahre alt. Da sich die Aufgabenschwerpunkte in dieser Zeit verschoben haben, war die Ausbildungsordnung in vielen Punkten – vor allem mit Blick auf die Entwicklungen im Bereich der Digitalisierung – nicht mehr ausreichend für die neuen Herausforderungen und bedurfte einer Modernisierung.

Sich ständig verändernde Arbeitsorganisationsstrukturen sowie neue Techniken in den Unternehmen des Handwerks und der feinoptischen Industrie erfordern neue Arbeitsweisen und Lernformen in der Berufsausbildung. Hierzu zählen z. B. Projektarbeit, selbstständiges Lernen im Team, Präsentation unter Anwendung von Präsentationstechniken sowie fremdsprachliche Aspekte. Die stetige Zunahme an Digitalisierung in den Betrieben nimmt auch Einfluss auf den Ausbildungsalltag. Die neuen Lernformen verlangen viel Eigeninitiative und fördern insbesondere soziale Kompetenzen und fachübergreifende Schlüsselqualifikationen.

Die Tätigkeiten und Anforderungen in der Produktion von optischen Elementen haben sich ebenso verändert. Es findet unter anderem eine fortschreitende Automatisierung und Digitalisierung von Produktionsabläufen statt. Trotzdem sind manuelle Arbeitsschritte unabdingbar und werden ergänzt durch digitale Fertigkeiten und Fähigkeiten, um beispielsweise genauere Messergebnisse erhalten und verarbeiten zu können. Auch das Thema Nachhaltigkeit betrifft grundlegende betriebliche Prozesse und ist in der modernisierten Ausbildungsordnung stärker verankert.

Steigende Ausbildungszahlen bei den führenden Optikunternehmen unterstützen die These, dass der Ausbildungsberuf Feinoptiker/-in ein Schlüsselberuf ist. In der Vergangenheit haben sich viele Betriebe damit beholfen, auf Facharbeiter/-innen anderer Ausbildungsberufe zurückzugreifen, obwohl sie wussten, dass diese nur zum Teil den Anforderungen gerecht werden können. Um den veränderten Produktionsstrukturen besser als bisher begegnen zu können, wurden einzelne Bereiche wie die Bearbeitung von Metallen und anderen Werkstoffen, Montagetechniken, CNC-Technologie, Automatisierung und Instandhaltung in der neuen Ausbildungsordnung stärker berücksichtigt.

1.2 Was ist neu?

Neben der weiterhin erforderlichen manuellen Tätigkeit, der Bearbeitung optischer Bauelemente sowie Montage und Justage optischer und feinmechanischer Bauteile zu Baugruppen und Systemen sind zusätzlich Qualifikationen für die Beherrschung mechanisierter und automatisierter Fertigungsverfahren zu vermitteln. Digitale Messtechnik ist schon längst in der modernen optischen Fertigung angekommen. Die erforderlichen Fertigkeiten, Kenntnisse und Fähigkeiten, die diese Technologie mit sich bringt, sind bei der Auswahl von Mess- und Prüfmitteln und deren Kalibrierung sowie der Funktionsüberwachung hinzugekommen. Erstmals sind in der Ausbildungsordnung auch die gängigen Mess- und Prüfmittel „Goniometer“ und „Interferometer“ als Standardmessmittel für Winkel und Oberflächenformen aufgenommen. Zudem sollen Messdaten und Prüfergebnisse auf Plausibilität geprüft, aufbereitet und dokumentiert werden. Die Auszubildenden sollen auf die ebenso wichtigen Umwelteinflüsse beim Messen und Prüfen achten. In optischen Systemen kommen zunehmend asphärische optische Bauteile und Freiformen zum Einsatz. Diese ermöglichen eine höhere Bildqualität und reduzieren die Anzahl der benötigten optischen Bauteile. In Zukunft sollen die Auszubildenden diese Funktionen kennen und erläutern können.

Abbildung 1: Feinoptiker beim Messen einer optischen Fläche an einem digitalen Interferometer (Quelle: Carl Zeiss AG)

Abbildung 2: Qualitätsprüfung am Interferometer
(Quelle: DR. JOHANNES HEIDENHAIN GmbH)

Das Thema Spannungen beim Fügen, Montieren und Justieren spielt eine wichtige Rolle. Dieser Aspekt wurde an verschiedenen Stellen in die Ausbildungsordnung aufgenommen. Außerdem erhält die Verwendung von elektronischen Bauteilen in Kombination mit optischen Bauteilen eine zunehmende Bedeutung. So sollen in Zukunft auch elektronische Bauteile mit optischen Bauteilen kombiniert montiert und der ESD-Schutz, also Maßnahmen gegen elektrostatische Entladungen, dabei berücksichtigt werden.

In der gesamten Ausbildungsordnung rücken die Themen Arbeits- und Gesundheitsschutz und die Beachtung ökologischer und ökonomischer Aspekte weiter in den Vordergrund, beispielsweise beim Reinigen von optischen Flächen. Darüber hinaus wurden die Inhalte und Anforderungen der Zwischen- und Gesellen- oder Abschlussprüfung neu formuliert und in eine „Gestreckte Gesellen- oder Abschlussprüfung" mit einem Teil 1 und Teil 2 umgewandelt. Die beiden Prüfungsteile haben unterschiedliche Gewichtungen. Die veränderten bzw. neuen Ausbildungs- und Prüfungsinhalte ermöglichen, dass insbesondere das selbstständige Planen, Durchführen und Kontrollieren gelernt und in der Prüfung nachgewiesen werden soll.

Mit der am 01.08.2024 in Kraft tretenden Ausbildungsordnung ist die verbindliche Grundlage für eine bedarfsgerechte Qualifizierung der Fachkräfte für das feinoptische Handwerk und die feinoptische Industrie geschaffen, womit auch die Attraktivität des Berufes Feinoptiker/-in weiter verbessert wird.

Die Änderungen im Überblick

	2002 bis Juli 2024	seit 1. August 2024
Berufsbezeichnung	**Feinoptiker/-in**	**Feinoptiker/-in**
Ausbildungsdauer	3,5 Jahre	3,5 Jahre
Ausbildungsrahmenplan	16 Berufsbildpositionen (BBP)	Abschnitt A: **berufsprofilgebende** Fertigkeiten, Kenntnisse und Fähigkeiten (13 BBP)
	4 Berufsbildpositionen (BBP)	Abschnitt B: **integrativ** zu vermittelnde Fertigkeiten, Kenntnisse und Fähigkeiten (4 BBP)
Prüfung	Zwischen- und Abschlussprüfung	**„Gestreckte Gesellen- oder Abschlussprüfung" (GGP/GAP)**
im 4. Ausbildungshalbjahr	Zwischenprüfung ▸ schriftliche und praktische Aufgaben ▸ Ergebnis fließt nicht in die Endnote ein	**GGP/GAP Teil 1** ▸ zwei Prüfungsbereiche ▸ schriftliche und praktische Aufgaben ▸ **Ergebnis fließt mit 30 % in die Endnote ein**
zum Ende der Ausbildung	Abschlussprüfung ▸ vier Prüfungsbereiche ▸ schriftliche und praktische Aufgaben	**GGP/GAP Teil 2** ▸ vier Prüfungsbereiche ▸ schriftliche und praktische Aufgaben

1.3 Historische Entwicklung des Berufs

Die erste offizielle Regelung für die Ausbildung zum Feinoptiker und zur Feinoptikerin in der Industrie geht auf das Jahr 1953 zurück. 1962 folgte eine offizielle Regelung im Handwerk.
Nach der Teilung Deutschlands infolge des Zweiten Weltkrieges entwickelten sich nicht nur zwei deutsche Staaten, sondern auch zwei voneinander unabhängige Wirtschaftssysteme. Dies hatte auch Auswirkungen auf den Beruf Feinoptiker/-in. Anfänglich gab es in beiden deutschen Staaten nur das Berufsbild des Feinoptikers und der Feinoptikerin vom 25.04.1953. Im Zuge der durch die staatlichen Verordnungen vereinheitlichten Berufe wurde in der DDR zum 01.09.1970 die Rahmenausbildungsunterlage für die Berufsausbildung zum Feinoptiker und zur Feinoptikerin entwickelt und als verbindlich erklärt. Das Bestreben einer vom Staat kontrollierten und gesicherten Ausbildung fand dann zum 01.09.1981 mit der nunmehr dritten Ausbildungsunterlage, die bis zur Wende 1989 gültig war, seinen Abschluss. Mit dieser überarbeiteten und den damaligen Anforderungen entsprechenden inhaltlichen Struktur wurde der Beruf des Feinoptikers und der Feinoptikerin modernisiert. Innerhalb der Entwicklung des Berufsbildes in der DDR änderten sich nicht nur die fachlichen Ansprüche und Ausrichtungen, sondern auch die vorgegebene Ausbildungszeit von zunächst dreieinhalb Jahren auf drei Jahre und später auf zwei Jahre. Die Ausbildungsunterlagen wurden von Mitgliedern der Berufsfachkommission für Optik-Berufe und Mitarbeitern und Mitarbeiterinnen des damaligen Kombinates VEB Carl Zeiss Jena erarbeitet. Es wurden detaillierte Ausbildungsunterlagen erstellt, die für die Berufstheorie, aber auch für die Berufspraxis verbindliche Inhalte vorgaben.
Erste Modernisierungen sind in der BRD 1986 in einem überarbeiteten Ausbildungsrahmenplan als Empfehlung des Dachverbandes der feinmechanischen und optischen Industrie (F&O-Verband, heute Spectaris) herausgegeben worden. Die erste gesamtdeutsche Überarbeitung folgte 1996 auf Basis der Empfehlung von 1986 und wurde mit den zusätzlichen Inhalten CNC-Steuerungs- und Regelungstechnik ergänzt. Da es keine rechtliche Grundlage gab, basierten beide Empfehlungen auf einer freiwilligen Umsetzung der Inhalte des Ausbildungsrahmenplans. Darüber hinaus waren auch die Prüfungsanforderungen veraltet, da sie die seinerzeit aktuellen technischen Entwicklungen nicht berücksichtigten.
Der Beruf des Feinoptikers und der Feinoptikerin in Handwerk und Industrie gehört zu einer der Kerntechnologien, weshalb dieser rechtsunsichere Raum in der Berufsausbildung behoben werden musste. Im Sommer 2000 beauftragte das damalige Bundesministerium für Wirtschaft und Technologie das Bundesinstitut für Berufsbildung (BIBB) mit der Neuordnung des Berufes Feinoptiker/-in unter Einbeziehung der Sozialpartner.

Da die letzte Neuregulierung des Berufsbildes Feinoptiker/-in im Jahr 2002 verabschiedet wurde und sich in der Zwischenzeit viele technische Standards in den Fertigungsbereichen verändert haben, wurde die Forderung an eine Anpassung/Überarbeitung bzw. Neuordnung des bestehenden Ausbildungsberufes immer lauter. Die Neustrukturierung und Anpassung an die aktuellen Technologien und Prüfungsanforderungen wurden 2023 in Angriff genommen. Als Ergebnis tritt die modernisierte Ausbildungsordnung Feinoptiker und Feinoptikerin zum 01.08.2024 in Kraft.[1,2]

1.4 Karriere, Fort- und Weiterbildung

Nach der Ausbildung zum Feinoptiker und zur Feinoptikerin sind verschiedene Weiterbildungen möglich, z. B.:

- Technischer Fachwirt/Technische Fachwirtin
- Fachmann/-frau für kaufmännische Betriebsführung (HwO)
- Techniker/-in – Fachrichtung Glastechnik (Optik)
- Techniker/-in – Fachrichtung Feinwerktechnik

Tätigkeiten am Beispiel Techniker/-in in der Fachrichtung Glastechnik (Optik)

Techniker/-innen der Fachrichtung Glastechnik (Optik) arbeiten überwiegend in der Herstellung von optischen oder feinmechanischen Erzeugnissen. Dazu gehören unter anderem Fotoapparate, Lupen, Brillengläser, Mikroskope, Ferngläser. Sie sind zudem für Unternehmen tätig, die Geräte der Mess-, Steuerungs- und Regelungstechnik, der Feinmechanik und Optik sowie der Medizintechnik produzieren. Auch Ingenieurbüros für technische Fachplanung sowie Hersteller von technischen Kunststoffteilen kommen als Arbeitgeber infrage. Techniker/-innen der Fachrichtung Glastechnik (Optik) entwickeln, berechnen, konstruieren und fertigen optische Systeme. Darüber hinaus können sie Fach- und Führungsaufgaben übernehmen, vor allem bei der Herstellung von feinoptischen Bauteilen im Feinoptiker-Handwerk oder in der optischen Industrie. Als Fachkräfte schließen sie die Kette zum Ingenieur und zur Ingenieurin und dienen als Ansprechpartner/-innen für die Fertigung. Als Führungskräfte leiten sie Werkstätten oder Betriebsabteilungen, in denen sie für die Personal-, Betriebs- und Arbeitsorganisation zuständig sind.
Es handelt sich um eine landesrechtlich geregelte Weiterbildung an Fachschulen. Im Vollzeitunterricht dauert die Weiterbildung zwei Jahre. Eine Förderung durch das Meister-BAföG ist möglich.

1 Feinoptiker/Feinoptikerin – Erläuterungen und Praxishilfen zur Ausbildungspraxis, BIBB, Bonn 2003.
2 SPECTARIS – Deutscher Industrieverband für Optik, Photonik, Analysen- und Medizintechnik e.V. [https://www.spectaris.de]

Meister/-in

Im Fach- und Führungsbereich von Glasunternehmen sind Industriemeister/-innen für das Leiten und Überwachen der Glasveredlung zuständig. Sie finden ihren Arbeitsplatz in Produktionshallen bei der Überwachung der Glasherstellung, aber ebenso im Büro bei der Berechnung des Materialbedarfs.
Mögliche Abschlüsse:

- Feinoptikermeister/-in
- Industriemeister/-in – Optik

Studium

Nach einer Ausbildung zum Feinoptiker und zur Feinoptikerin können eine Vielzahl von Studiengängen an Hoch- oder Fachhochschulen angeschlossen werden. Für die Zulassungsvoraussetzungen treffen die Einrichtungen verschiedene Regelungen, z. B. Eingangsprüfung, Probestudium, Vorbereitungskurse. Informationen zu den Zulassungsvoraussetzungen sind bei den jeweiligen Hochschulen erhältlich.
Für eine Weiterqualifizierung bieten sich z. B. folgende Studiengänge an:

- Bachelor/Master Photonik
- Bachelor/Master Optische Technologien
- Bachelor/Master Physikingenieurwesen
- Bachelor/Master Mikrotechnik
- Bachelor/Master Mikrosystemtechnik

2 Betriebliche Umsetzung der Ausbildung

Betriebe haben im dualen Berufsausbildungssystem eine Schlüsselposition bei der Gestaltung und Umsetzung der Ausbildung. Es gibt zahlreiche Gründe für Betriebe, sich an der dualen Ausbildung zu beteiligen:

- Im eigenen Betrieb ausgebildete Fachkräfte kennen sich gut aus, sind flexibel einsetzbar und benötigen keine Einarbeitungsphase.
- Der Personalbedarf kann mittel- und langfristig mit selbst ausgebildeten Fachkräften gedeckt werden. Betriebe können gezielt nach ihren Bedürfnissen ausbilden und die Kompetenzen vermitteln, die für ihr Unternehmen von Bedeutung sind.
- Auszubildende tragen dazu bei, den betrieblichen Erfolg zu steigern. Durch die Ausbildung entstehen zwar in der Anfangsphase zusätzliche Kosten, aber mit zunehmender Ausbildungsdauer arbeiten die Auszubildenden weitgehend selbstständig.[3]
- Auszubildende bringen neue Ideen und Innovationen in den Betrieb, kennen sich mit aktuellen Themen wie Digitalisierung häufig sehr gut aus und können selbstständig Projekte umsetzen, die dem Betrieb nutzen.
- Über die Ausbildung wird die Bindung der Mitarbeiter/-innen an den Betrieb gefördert. Die Kosten für Personalgewinnung können damit gesenkt werden.

Der Ausbildungsbetrieb ist zentraler Lernort innerhalb des dualen Systems und hat damit eine große bildungspolitische Bedeutung und gesellschaftliche Verantwortung. Der Bildungsauftrag des Betriebes besteht darin, den Auszubildenden die berufliche Handlungsfähigkeit auf der Grundlage der Ausbildungsordnung zu vermitteln.

Ein wichtiger methodischer Akzent wird mit der Forderung gesetzt, die genannten Ausbildungsinhalte so zu vermitteln,

> § „dass die Auszubildenden die berufliche Handlungsfähigkeit nach § 1 Absatz 3 des Berufsbildungsgesetzes erlangen. Die berufliche Handlungsfähigkeit schließt insbesondere selbstständiges Planen, Durchführen und Kontrollieren ein" (§ 3 Ausbildungsordnung).

Die Befähigung zum selbstständigen Handeln wird während der betrieblichen Ausbildung systematisch entwickelt.
Ausbilden darf nur, wer persönlich und fachlich geeignet ist. Ausbilder/-innen stehen in der Verantwortung, ihre Rolle als Lernberater/-innen und Planer/-innen der betrieblichen Ausbildung wahrzunehmen. Hierfür sollten sie sich stets auf Veränderungen einstellen und neue Qualifikationsanforderungen zügig in die Ausbildungspraxis integrieren. Die Ausbilder-Eignungsprüfung (nach AEVO) [https://www.gesetze-im-internet.de/ausbeignv_2009] bietet einen geeigneten Einstieg in die Ausbildertätigkeit. Sie dient auch als formaler Nachweis der fachlichen und pädagogischen Eignung des Ausbildungsbetriebes.

3 Weiterführende Informationen zu Kosten und Nutzen der Ausbildung [https://www.bibb.de/de/11060.php]

2.1 Ausbildungsordnung und Ausbildungsrahmenplan

2.1.1 Paragrafen der Ausbildungsordnung

Für diese Umsetzungshilfe werden nachfolgend einzelne Paragrafen der Ausbildungsordnung erläutert (siehe graue Kästen). Die Ausbildungsordnung und der damit abgestimmte, von der Ständigen Konferenz der Kultusminister der Länder in der Bundesrepublik Deutschland beschlossene Rahmenlehrplan für die Berufsschule werden im amtlichen Teil des Bundesanzeigers veröffentlicht.

Verordnung über die Berufsausbildung zum Feinoptiker und zur Feinoptikerin (Feinoptikerausbildungsverordnung – FeinOAusbV)

Vom 12. März 2024

Auf Grund

- des § 25 Absatz 1 Satz 1 der Handwerksordnung, der zuletzt durch Artikel 2 Nummer 1 des Gesetzes vom 9. November 2022 (BGBl. I S. 2009) geändert worden ist, sowie
- des § 4 Absatz 1 des Berufsbildungsgesetzes in der Fassung der Bekanntmachung vom 4. Mai 2020 (BGBl. I S. 920) in Verbindung mit § 1 Absatz 2 des Zuständigkeitsanpassungsgesetzes vom 16. August 2002 (BGBl. I S. 3165) und dem Organisationserlass vom 8. Dezember 2021 (BGBl. I S. 5176)

verordnet das Bundesministerium für Wirtschaft und Klimaschutz im Einvernehmen mit dem Bundesministerium für Bildung und Forschung:

Das Bundesministerium für Wirtschaft und Klimaschutz (BMWK) hat den Ausbildungsberuf „Feinoptiker und Feinoptikerin" im Einvernehmen mit dem Bundesministerium für Bildung und Forschung (BMBF) staatlich anerkannt. Damit greift das Berufsbildungsgesetz (BBiG) mit seinen Rechten und Pflichten für Auszubildende und Ausbildende. Gleichzeitig wird damit sichergestellt, dass Jugendliche unter 18 Jahren nur in einem Ausbildungsberuf ausgebildet werden dürfen, der staatlich anerkannt ist.

Darüber hinaus darf die Berufsausbildung zum Feinoptiker und zur Feinoptikerin nur nach den Vorschriften dieser Ausbildungsordnung erfolgen, denn: Ausbildungsordnungen regeln bundeseinheitlich den betrieblichen Teil der dualen Berufsausbildung in anerkannten Ausbildungsberufen. Sie richten sich an alle an der Berufsausbildung im dualen System Beteiligten, insbesondere an Ausbildungsbetriebe, Auszubildende, das Ausbildungspersonal und an die zuständigen Stellen – hier die Handwerkskammern sowie die Industrie- und Handelskammern.

Der duale Partner der betrieblichen Ausbildung ist die Berufsschule. Der Berufsschulunterricht erfolgt auf der Grundlage des abgestimmten Rahmenlehrplans. Da der Unterricht in den Berufsschulen generell der Zuständigkeit der Länder unterliegt, können diese den Rahmenlehrplan der Kultusministerkonferenz, erarbeitet von Berufsschullehrern und Berufsschullehrerinnen der Länder, in eigene Rahmenlehrpläne umsetzen oder direkt anwenden. Ausbildungsordnungen und Rahmenlehrpläne sind im Hinblick auf die Ausbildungsinhalte und den Zeitpunkt ihrer Vermittlung in Betrieb und Berufsschule aufeinander abgestimmt.

Die vorliegende Verordnung über die Berufsausbildung zum Feinoptiker und zur Feinoptikerin wurde im Bundesinstitut für Berufsbildung in Zusammenarbeit mit Sachverständigen der Arbeitnehmer- und der Arbeitgeberseite erarbeitet.

Kurzübersicht

Abschnitt 1: Gegenstand, Dauer und Gliederung der Berufsausbildung

§ 1 Staatliche Anerkennung des Ausbildungsberufes

Der Ausbildungsberuf mit der Berufsbezeichnung des Feinoptikers und der Feinoptikerin wird staatlich anerkannt nach

1. § 25 Absatz 1 der Handwerksordnung zur Ausbildung für das Gewerbe nach Anlage B Abschnitt 1 Nummer 35 Feinoptiker der Handwerksordnung und
2. § 4 Absatz 1 des Berufsbildungsgesetzes.

Für einen staatlich anerkannten Ausbildungsberuf darf nur nach der Ausbildungsordnung ausgebildet werden. Die vorliegende Verordnung bildet damit die Grundlage für eine bundeseinheitliche Berufsausbildung in den Ausbildungsbetrieben. Die Aufsicht darüber führen die zuständigen Stellen, hier die Industrie- und Handelskammern bzw. Handwerkskammern, nach dem Berufsbildungsgesetz (§ 71 BBiG) bzw. nach der Handwerksordnung (§ 41 a HwO). Die zuständige Stelle hat insbesondere die Durchführung der Berufsausbildung zu überwachen und sie durch Beratung der Auszubildenden und der Ausbilder/-innen zu fördern.

§ 2 Dauer der Berufsausbildung

Die Berufsausbildung dauert dreieinhalb Jahre.

Die Ausbildungsdauer ist so bemessen, dass den Auszubildenden die für eine qualifizierte Berufstätigkeit notwendigen Ausbildungsinhalte vermittelt werden können und ihnen der Erwerb der erforderlichen Berufserfahrung ermöglicht wird (siehe § 1 Absatz 3 BBiG). Beginn und Dauer der Berufsausbildung werden im Berufsausbildungsvertrag angegeben (§ 11 Absatz 1 Punkt 2 BBiG). Das Berufsausbildungsverhältnis endet mit dem Bestehen der Gesellen- oder Abschlussprüfung oder mit dem Ablauf der Ausbildungszeit (§ 21 Absatz 1 und 2 BBiG).

Verkürzung/Verlängerung der Ausbildungszeit [▼ Kapitel 5.1 „Hinweise und Begriffserläuterungen"]

§ 3 Gegenstand der Berufsausbildung und Ausbildungsrahmenplan

(1) Gegenstand der Berufsausbildung sind mindestens die im Ausbildungsrahmenplan genannten Fertigkeiten, Kenntnisse und Fähigkeiten.

(2) Von der Organisation der Berufsausbildung, wie sie im Ausbildungsrahmenplan vorgegeben ist, darf von den Ausbildenden abgewichen werden, wenn und soweit betriebspraktische Besonderheiten oder Gründe, die in der Person des oder der Auszubildenden liegen, die Abweichung erfordern.

(3) Die im Ausbildungsrahmenplan genannten Fertigkeiten, Kenntnisse und Fähigkeiten sollen von den Ausbildenden so vermittelt werden, dass die Auszubildenden die berufliche Handlungsfähigkeit nach § 1 Absatz 3 des Berufsbildungsgesetzes erlangen. Die berufliche Handlungsfähigkeit schließt insbesondere selbständiges Planen, Durchführen und Kontrollieren bei der Ausübung der beruflichen Aufgaben ein.

Bei den im Ausbildungsrahmenplan aufgeführten Fertigkeiten, Kenntnissen und Fähigkeiten handelt es sich um Mindestinhalte, die von einem Ausbildungsbetrieb in jedem Fall vermittelt werden müssen. Weitere (betriebsspezifische) Inhalte können darüber hinaus vermittelt werden. Innerhalb dieses inhaltlichen Mindestrahmens kann in begründeten Fällen von der Organisation der Berufsausbildung abgewichen werden. Weitere Erläuterungen finden sich in [▼ Kapitel 2.1.2 „Ausbildungsrahmenplan"].

Umfassendes Ziel der Ausbildung ist es, die Auszubildenden zur Ausübung einer qualifizierten beruflichen Tätigkeit zu befähigen, d. h., Feinoptiker/-innen können die ihnen übertragenen Aufgaben selbstständig planen, durchführen und kontrollieren.

§ 4 Struktur der Berufsausbildung und Ausbildungsberufsbild

(1) Die Berufsausbildung gliedert sich in:

1. berufsprofilgebende Fertigkeiten, Kenntnisse und Fähigkeiten und
2. integrativ zu vermittelnde Fertigkeiten, Kenntnisse und Fähigkeiten.

Die Fertigkeiten, Kenntnisse und Fähigkeiten sind in Berufsbildpositionen gebündelt.

(2) Die Berufsbildpositionen der berufsprofilgebenden Fertigkeiten, Kenntnisse und Fähigkeiten sind:

1. manuelles und maschinelles Herstellen von plan- und rundoptischen Bauteilen,
2. Auswählen und Anwenden von Fügetechniken,
3. Reinigen von optischen Bauteilen, Baugruppen und Systemen,
4. Anwenden von Verfahren zur Oberflächenbeschichtung,
5. Montieren und Justieren von Bauteilen und Baugruppen zu optischen Systemen,
6. Messen und Prüfen von optischen Bauteilen, Baugruppen und Systemen,
7. manuelles und maschinelles Bearbeiten von Metallen und Kunststoffen,
8. Anwenden des Qualitätsmanagements,
9. Planen, Steuern und Optimieren von Arbeitsprozessen,
10. Bereitstellen von Werkstoffen und Betriebsstoffen,
11. Bedienen und Steuern von Produktionsanlagen,
12. Instandhalten von Betriebsmitteln und
13. Anwenden von betrieblicher und technischer Kommunikation.

(3) Die Berufsbildpositionen der integrativ zu vermittelnden Fertigkeiten, Kenntnisse und Fähigkeiten sind:

1. Organisation des Ausbildungsbetriebes, Berufsbildung sowie Arbeits- und Tarifrecht,
2. Sicherheit und Gesundheit bei der Arbeit,
3. Umweltschutz und Nachhaltigkeit sowie
4. digitalisierte Arbeitswelt.

In ihrer Summe bilden die Berufsbildpositionen das Ausbildungsberufsbild und charakterisieren damit den Ausbildungsberuf. Das Ausbildungsberufsbild umfasst grundsätzlich alle Fertigkeiten, Kenntnisse und Fähigkeiten, die zur Erlangung des Berufsabschlusses Feinoptiker/-in notwendig sind. Es enthält die Ausbildungsinhalte in übersichtlich zusammengefasster Form und gliedert sich in berufsprofilgebende Fertigkeiten, Kenntnisse und Fähigkeiten gemäß Absatz 2 sowie integrativ zu vermittelnde Fertigkeiten, Kenntnisse und Fähigkeiten gemäß Absatz 3, die während der gesamten Ausbildung im Zusammenhang mit anderen fachlichen Ausbildungsinhalten zu vermitteln sind. Die zu jeder laufenden Nummer des Ausbildungsberufes gehörenden Ausbildungsinhalte sind im Ausbildungsrahmenplan aufgeführt sowie sachlich und zeitlich gegliedert.

Erläuterungen zu den Fertigkeiten, Kenntnissen und Fähigkeiten der einzelnen Berufsbildpositionen finden sich in [▼ Kapitel 2.1.2 „Ausbildungsrahmenplan"].

§ 5 Ausbildungsplan

Die Ausbildenden haben spätestens zu Beginn der Ausbildung auf der Grundlage des Ausbildungsrahmenplans für jeden Auszubildenden und für jede Auszubildende einen Ausbildungsplan zu erstellen.

Für den individuellen Ausbildungsplan erstellt der Ausbildungsbetrieb auf der Grundlage des Ausbildungsrahmenplans den betrieblichen Ausbildungsplan für die Auszubildenden. Dieser wird jedem und jeder Auszubildenden zu Beginn der Ausbildung ausgehändigt und erläutert; ebenso soll den Auszubildenden die Ausbildungsordnung zur Verfügung stehen [▼ Kapitel 2.2 „Betrieblicher Ausbildungsplan"].

Abschnitt 2: Gesellen- oder Abschlussprüfung

§ 6 Aufteilung in zwei Teile und Zeitpunkt

(1) Die Gesellen- oder Abschlussprüfung besteht aus den Teilen 1 und 2.

(2) Teil 1 soll im vierten Ausbildungshalbjahr stattfinden.

(3) Teil 2 findet am Ende der Berufsausbildung statt.

(4) Wird die Ausbildungsdauer verkürzt, so soll Teil 1 der Gesellen- oder Abschlussprüfung spätestens vier Monate vor dem Zeitpunkt von Teil 2 der Gesellen- oder Abschlussprüfung stattfinden.

(5) Den jeweiligen Zeitpunkt legt die zuständige Stelle fest.

Die „Gestreckte Gesellen- oder Abschlussprüfung" verfolgt das Ziel, bereits einen Teil der Fertigkeiten, Kenntnisse und Fähigkeiten etwa zur Mitte der Ausbildungszeit zu prüfen. Die bereits in Teil 1 geprüften Inhalte werden in Teil 2 der „Gestreckten Gesellen- oder Abschlussprüfung" nicht nochmals geprüft.
[▼ Kapitel 4.1 „Gestreckte Gesellen- oder Abschlussprüfung"]

§ 7 Inhalt des Teiles 1

Teil 1 der Gesellen- oder Abschlussprüfung erstreckt sich auf

1. die im Ausbildungsrahmenplan für die ersten drei Ausbildungshalbjahre genannten Fertigkeiten, Kenntnisse und Fähigkeiten sowie
2. den im Berufsschulunterricht zu vermittelnden Lehrstoff, soweit er den im Ausbildungsrahmenplan genannten Fertigkeiten, Kenntnissen und Fähigkeiten entspricht.

[▼ Kapitel 4.3.1 „Teil 1 der Gestreckten Gesellen- oder Abschlussprüfung"]

§ 8 Prüfungsbereiche des Teiles 1

Teil 1 der Gesellen- oder Abschlussprüfung findet in den folgenden Prüfungsbereichen statt:

1. „Herstellen von planoptischen Bauteilen" und
2. „Bauteilqualität und Arbeitsorganisation".

[▼ Kapitel 4.3 „Prüfungsstruktur"]

§ 9 Prüfungsbereich „Herstellen von planoptischen Bauteilen"

(1) Im Prüfungsbereich „Herstellen von planoptischen Bauteilen" hat der Prüfling nachzuweisen, dass er in der Lage ist,

1. Arbeitsaufträge unter Berücksichtigung technischer Zeichnungen zu prüfen und Arbeitsplätze einzurichten,
2. persönliche Schutzausrüstung auszuwählen und einzusetzen,
3. Werkzeuge, Maschinen und Anlagen sowie Mess- und Prüfmittel unter Berücksichtigung von Werkstoffen und Bearbeitungsverfahren auftragsbezogen auszuwählen und vorzubereiten,
4. planoptische Bauteile aus Halbzeugen durch Schleifen, Läppen und Polieren herzustellen,
5. planoptische Bauteile zu reinigen,
6. planoptische Bauteile durch Messen auf Eigenschaften und Abweichungen auftragsbezogen zu prüfen,
7. bei Abweichungen Korrekturmaßnahmen zu ergreifen,
8. Mess- und Prüfprotokolle anzufertigen und Arbeitsergebnisse zu dokumentieren,
9. Maßnahmen zur Qualitätssicherung, Wirtschaftlichkeit und Nachhaltigkeit sowie zur Sicherheit und zum Gesundheitsschutz bei der Arbeit umzusetzen sowie
10. wesentliche fachliche Zusammenhänge aufzuzeigen und seine Vorgehensweise zu begründen.

(2) Der Prüfling hat ein Prüfungsprodukt herzustellen. Die Planung, der Verlauf und das Ergebnis der Herstellung des Prüfungsproduktes sind mit praxisüblichen Unterlagen zu dokumentieren. Nach der Herstellung des Prüfungsproduktes wird mit dem Prüfling auf der Grundlage der praxisüblichen Unterlagen ein auftragsbezogenes Fachgespräch über das Prüfungsprodukt geführt.

(3) Die Prüfungszeit beträgt insgesamt 7 Stunden und 20 Minuten. Die Zeit für die Herstellung des Prüfungsproduktes sowie für die Dokumentation mit praxisüblichen Unterlagen beträgt sieben Stunden. Das auftragsbezogene Fachgespräch dauert höchstens 20 Minuten.

§ 10 Prüfungsbereich „Bauteilqualität und Arbeitsorganisation"

(1) Im Prüfungsbereich „Bauteilqualität und Arbeitsorganisation" hat der Prüfling nachzuweisen, dass er in der Lage ist,

1. Arbeitsaufträge zu prüfen und Arbeitsschritte zu planen,
2. Werkstoffe und darauf bezogene Betriebsstoffe auftragsbezogen auszuwählen,
3. die Bereitstellung von Werkstoffen sowie von Betriebsstoffen darzustellen,
4. Anforderungen an Rohteile, Halbzeuge und Werkstücke zu erläutern,
5. Qualitätsmerkmale von Rohteilen, Halbzeugen und Werkstücken zu erläutern,
6. Mess- und Prüfmittel zur Beurteilung von planoptischen Bauteilen auszuwählen und ihren Einsatz unter Berücksichtigung von Aufbau und Funktion darzustellen,
7. die Umsetzung von Maßnahmen zur Qualitätssicherung, Wirtschaftlichkeit und Nachhaltigkeit sowie zur Sicherheit und zum Gesundheitsschutz bei der Arbeit darzustellen und
8. wesentliche fachliche Zusammenhänge aufzuzeigen und seine Vorgehensweise zu begründen.

(2) Die Aufgaben müssen praxisbezogen sein. Der Prüfling hat die Aufgaben schriftlich zu bearbeiten.

(3) Die Prüfungszeit beträgt 90 Minuten.

§ 11 Inhalte des Teiles 2

(1) Teil 2 der Gesellen- oder Abschlussprüfung erstreckt sich auf

1. die im Ausbildungsrahmenplan genannten Fertigkeiten, Kenntnisse und Fähigkeiten sowie
2. den im Berufsschulunterricht zu vermittelnden Lehrstoff, soweit er den im Ausbildungsrahmenplan genannten Fertigkeiten, Kenntnissen und Fähigkeiten entspricht.

(2) In Teil 2 der Gesellen- oder Abschlussprüfung sollen Fertigkeiten, Kenntnisse und Fähigkeiten, die bereits Gegenstand von Teil 1 der Gesellen- oder Abschlussprüfung waren, nur insoweit einbezogen werden, als es für die Feststellung der beruflichen Handlungsfähigkeit erforderlich ist.

§ 12 Prüfungsbereiche des Teiles 2

Teil 2 der Gesellen- oder Abschlussprüfung findet in den folgenden Prüfungsbereichen statt:

1. „Herstellen von optischen Baugruppen und Systemen",
2. „Fertigungstechnik" und
3. „Wirtschafts- und Sozialkunde".

§ 13 Prüfungsbereich „Herstellen von optischen Baugruppen und Systemen"

(1) Im Prüfungsbereich „Herstellen von optischen Baugruppen und Systemen" hat der Prüfling nachzuweisen, dass er in der Lage ist,

1. Arbeitsaufträge zu prüfen, Arbeitsprozesse zu planen und Arbeitsplätze einzurichten,
2. persönliche Schutzausrüstung auszuwählen und einzusetzen,
3. Werkzeuge, Maschinen und Anlagen sowie Mess- und Prüfmittel unter Berücksichtigung von Werkstoffen und Bearbeitungsverfahren auftragsbezogen auszuwählen und vorzubereiten,
4. rundoptische Bauteile aus Halbzeugen durch Schleifen, Läppen und Polieren herzustellen,
5. optische Baugruppen durch Fügen von Bauteilen herzustellen,
6. aus Bauteilen und Baugruppen durch Fügen, Justieren und Montieren optische Systeme herzustellen,
7. optische Baugruppen sowie optische Systeme zu reinigen,
8. optische Baugruppen sowie optische Systeme durch Messen auf Eigenschaften und Abweichungen auftragsbezogen zu prüfen,
9. bei Abweichungen Korrekturmaßnahmen zu ergreifen,
10. Mess- und Prüfprotokolle anzufertigen und Arbeitsergebnisse zu dokumentieren,
11. Maßnahmen zur Qualitätssicherung, Wirtschaftlichkeit und Nachhaltigkeit sowie zur Sicherheit und zum Gesundheitsschutz bei der Arbeit umzusetzen und
12. wesentliche fachliche Zusammenhänge aufzuzeigen und seine Vorgehensweise zu begründen.

(2) Der Prüfling hat eine Arbeitsaufgabe durchzuführen und mit praxisüblichen Unterlagen zu dokumentieren. Während der Durchführung wird mit ihm ein situatives Fachgespräch über die Arbeitsaufgabe geführt.

(3) Die Prüfungszeit für die Durchführung der Arbeitsaufgabe beträgt 14 Stunden. Innerhalb dieser Zeit dauert das situative Fachgespräch höchstens 15 Minuten.

§ 14 Prüfungsbereich „Fertigungstechnik"

(1) Im Prüfungsbereich „Fertigungstechnik" hat der Prüfling nachzuweisen, dass er in der Lage ist,

1. technische Zeichnungen und Unterlagen zu erstellen und zu lesen,
2. Materiallisten und Stücklisten zu erstellen,
3. Werkzeuge, Maschinen und Anlagen unter Berücksichtigung deren Aufbaus und Funktion sowie Fertigungsverfahren auszuwählen und die Antwort zu begründen,
4. das Durchführen von Reinigungsverfahren zu beschreiben,
5. Mess- und Prüfmittel zur Beurteilung von optischen Baugruppen sowie optischen Systemen aufgabenbezogen auszuwählen und den Einsatz von Mess- und Prüfmitteln unter Berücksichtigung von Aufbau und Funktion darzustellen,
6. Verfahren zur Beschichtung von Oberflächen darzustellen,
7. die Überwachung, Steuerung und Optimierung von Fertigungsprozessen auf der Grundlage von prozess- und produktbezogenen Daten zu beschreiben,
8. Verfahren zur Bearbeitung von Metallen und Kunststoffen zu beschreiben,
9. die Umsetzung von Maßnahmen zur Qualitätssicherung, Wirtschaftlichkeit und Nachhaltigkeit sowie zur Sicherheit und zum Gesundheitsschutz bei der Arbeit darzustellen sowie
10. wesentliche fachliche Zusammenhänge aufzuzeigen und seine Vorgehensweise zu begründen.

(2) Die Aufgaben müssen praxisbezogen sein. Der Prüfling hat die Aufgaben schriftlich zu bearbeiten.

(3) Die Prüfungszeit beträgt 180 Minuten.

§ 15 Prüfungsbereich „Wirtschafts- und Sozialkunde"

(1) Im Prüfungsbereich „Wirtschafts- und Sozialkunde" hat der Prüfling nachzuweisen, dass er in der Lage ist, allgemeine wirtschaftliche und gesellschaftliche Zusammenhänge der Berufs- und Arbeitswelt darzustellen und zu beurteilen.

(2) Die Aufgaben müssen praxisbezogen sein. Der Prüfling hat die Aufgaben schriftlich zu bearbeiten.

(3) Die Prüfungszeit beträgt 60 Minuten.

Bei den Angaben zu diesem Prüfungsbereich handelt es sich um einen einheitlich geregelten Standard. Die zu prüfenden Inhalte, das Prüfungsinstrument und die Prüfungszeit sind für alle anerkannten Ausbildungsberufe anzuwenden.

§ 16 Gewichtung der Prüfungsbereiche und Anforderungen für das Bestehen der Gesellen- oder Abschlussprüfung

(1) Die Bewertungen der einzelnen Prüfungsbereiche sind wie folgt zu gewichten:

1. „Herstellen von planoptischen Bauteilen" mit 20 Prozent,
2. „Bauteilqualität und Arbeitsorganisation" mit 10 Prozent,
3. „Herstellen von optischen Baugruppen und Systemen" mit 40 Prozent
4. „Fertigungstechnik" mit 20 Prozent sowie
5. „Wirtschafts- und Sozialkunde" mit 10 Prozent.

(2) Die Gesellen- oder Abschlussprüfung ist bestanden – wenn die Prüfungsleistungen, auch unter Berücksichtigung einer mündlichen Ergänzungsprüfung nach § 17 – wie folgt bewertet worden sind:

1. im Gesamtergebnis von Teil 1 und Teil 2 mit mindestens „ausreichend",
2. im Ergebnis von Teil 2 mit mindestens „ausreichend",
3. in mindestens zwei Prüfungsbereichen von Teil 2 mit mindestens „ausreichend" und
4. in keinem Prüfungsbereich von Teil 2 mit „ungenügend".

Über das Bestehen ist ein Beschluss nach § 35a Absatz 1 Nummer 3 der Handwerksordnung oder nach § 42 Absatz 1 Nummer 3 des Berufsbildungsgesetzes zu fassen.

Die Summe der Gewichtungen der Prüfungsbereiche aus Teil 1 und Teil 2 muss 100 Prozent ergeben.

§ 17 Mündliche Ergänzungsprüfung

(1) Der Prüfling kann in einem Prüfungsbereich eine mündliche Ergänzungsprüfung beantragen.

(2) Dem Antrag ist stattzugeben,

1. wenn er für einen der folgenden Prüfungsbereiche gestellt worden ist:
   a) „Fertigungstechnik" oder
   b) „Wirtschafts- und Sozialkunde",
2. wenn der Prüfungsbereich nach Nummer 1 Buchstabe a oder Buchstabe b schlechter als mit „ausreichend" bewertet worden ist und
3. wenn die mündliche Ergänzungsprüfung für das Bestehen der Gesellen- oder Abschlussprüfung den Ausschlag geben kann.

Die mündliche Ergänzungsprüfung darf nur in dem Prüfungsbereich nach Satz 1 Nummer 1 Buchstabe a oder Buchstabe b durchgeführt werden.

(3) Die mündliche Ergänzungsprüfung soll 15 Minuten dauern.

(4) Bei der Ermittlung des Ergebnisses für den Prüfungsbereich sind das bisherige Ergebnis und das Ergebnis der mündlichen Ergänzungsprüfung im Verhältnis 2 : 1 zu gewichten.

Die mündliche Ergänzungsprüfung stellt eine Möglichkeit dar, bei nicht ausreichenden Leistungen in mindestens einem Prüfungsbereich doch noch bestehen zu können. Als schlecht empfundene Leistungen können jedoch nicht verbessert werden (z. B. um aus einer ausreichenden noch eine befriedigende Bewertung zu machen).

Erfolgt die mündliche Ergänzungsprüfung in einem Prüfungsbereich, der mehrere Prüfungsinstrumente beinhaltet, wird die mündliche Prüfung ausschließlich auf das Prüfungsinstrument Schriftlich zu bearbeitende Aufgaben bezogen.

Abschnitt 3: Schlussvorschriften

§18 Inkrafttreten, Außerkrafttreten

Diese Verordnung tritt am 1. August 2024 in Kraft. Gleichzeitig tritt die Verordnung über die Berufsausbildung zum Feinoptiker/zur Feinoptikerin vom 22. Juli 2002 (BGBl. I S. 2748) außer Kraft.

2.1.2 Ausbildungsrahmenplan

Der Ausbildungsrahmenplan als Teil der Ausbildungsordnung nach § 5 BBiG bildet die Grundlage für die betriebliche Ausbildung. Er listet die Fertigkeiten, Kenntnisse und Fähigkeiten auf, die in den Ausbildungsbetrieben zu vermitteln sind.
Ihre Beschreibung orientiert sich an beruflichen Aufgabenstellungen und den damit verbundenen Tätigkeiten. In der Summe beschreiben sie die Ausbildungsinhalte, die für die Ausübung des Berufs notwendig sind. Die Methoden, wie sie zu vermitteln sind, bleiben den Ausbildern und Ausbilderinnen überlassen.
Die im Ausbildungsrahmenplan aufgeführten Qualifikationen sind in der Regel gestaltungsoffen, technik- und verfahrensneutral sowie handlungsorientiert formuliert. Diese offene Darstellungsform gibt den Ausbildungsbetrieben die Möglichkeit, alle Anforderungen der Ausbildungsordnung selbst oder mit Verbundpartnern abzudecken. Auf diese Weise lassen sich auch neue technische und arbeitsorganisatorische Entwicklungen in die Ausbildung integrieren.

Mindestanforderungen

Die Vermittlung der Mindestanforderungen, die der Ausbildungsrahmenplan vorgibt, ist von allen Ausbildungsbetrieben sicherzustellen. Es kann darüber hinaus ausgebildet werden, wenn die individuellen Lernfortschritte der Auszubildenden es erlauben und die betriebsspezifischen Gegebenheiten es zulassen oder gar erfordern. Die Vermittlung zusätzlicher Ausbildungsinhalte ist auch möglich, wenn sich aufgrund technischer oder arbeitsorganisatorischer Entwicklungen weitere Anforderungen an die Berufsausbildung ergeben, die im Ausbildungsrahmenplan nicht genannt sind. Diese zusätzlich vermittelten Ausbildungsinhalte sind jedoch nicht prüfungsrelevant.
Können Ausbildungsbetriebe nicht sämtliche Ausbildungsinhalte vermitteln, kann dies z. B. auf dem Wege der Verbundausbildung ausgeglichen werden.
Damit auch betriebsbedingte Besonderheiten bei der Ausbildung berücksichtigt werden können, wurde in die Ausbildungsordnung eine sogenannte Flexibilitätsklausel aufgenommen, um deutlich zu machen, dass zwar die zu vermittelnden Fertigkeiten, Kenntnisse und Fähigkeiten obligatorisch sind, aber von der Reihenfolge und vom vorgegebenen sachlichen Zusammenhang abgewichen werden kann:

> § „Von der Organisation der Berufsausbildung, wie sie im Ausbildungsrahmenplan vorgegeben ist, darf abgewichen werden, wenn und soweit betriebspraktische Besonderheiten oder Gründe, die in der Person des oder der Auszubildenden liegen, die Abweichung erfordern." (§ 3 Absatz 1 Ausbildungsordnung)

Der Ausbildungsrahmenplan für die betriebliche Ausbildung und der Rahmenlehrplan für den Berufsschulunterricht sind inhaltlich und zeitlich aufeinander abgestimmt. Es empfiehlt sich für Ausbilder/-innen sowie Berufsschullehrer/-innen, sich im Rahmen der Lernortkooperation regelmäßig zu treffen und zu beraten.
Auf der Grundlage des Ausbildungsrahmenplans muss ein betrieblicher Ausbildungsplan erarbeitet werden, der die organisatorische und fachliche Durchführung der Ausbildung betriebsspezifisch regelt. Für die jeweiligen Ausbildungsinhalte werden hierfür zeitliche Zuordnungen (in Wochen oder Monaten) als Orientierungsrahmen für die betriebliche Vermittlungsdauer angegeben. Sie spiegeln die unterschiedliche Bedeutung wider, die dem einzelnen Abschnitt zukommt.

Standardberufsbildpositionen

Um Auszubildende auf die aktuelle und zukünftige Arbeitswelt vorzubereiten und zu kompetenten, kooperativen und kreativen Fachkräften auszubilden, ist die Vermittlung bestimmter Fertigkeiten, Kenntnisse und Fähigkeiten innerhalb der dualen Ausbildung nötig. Seit dem 1. August 2021 gelten für alle modernisierten und neuen anerkannten Ausbildungsberufe neue verbindliche und einheitliche Standards in Bezug auf diese berufsübergreifenden Kernkompetenzen. Sie sind in vier sogenannten Standardberufsbildpositionen festgelegt, die von Sozialpartnern, Bund und Ländern abgestimmt wurden:

1. Organisation des Ausbildungsbetriebes, Berufsbildung sowie Arbeits- und Tarifrecht,
2. Sicherheit und Gesundheit bei der Arbeit,
3. Umweltschutz und Nachhaltigkeit sowie
4. digitalisierte Arbeitswelt.

Die berufsübergreifenden Inhalte sind fester Bestandteil jedes Ausbildungsrahmenplans und von den Ausbildenden während der gesamtem Ausbildung integrativ, d. h. im Zusammenspiel mit den berufsspezifischen Fertigkeiten, Kenntnissen und Fähigkeiten, zu vermitteln. Alle ausbildenden Betriebe müssen die Vermittlung sicherstellen, indem sie die Inhalte im betrieblichen Ausbildungsplan verankern. Sie können in Abhängigkeit von berufs- oder branchenspezifischen Besonderheiten erweitert werden.

2.1.3 Zeitliche Richtwerte und Zuordnung

Für die jeweiligen Ausbildungsinhalte (zu vermittelnde Fertigkeiten, Kenntnisse und Fähigkeiten) werden zeitliche Richtwerte in Wochen als Orientierung für die betriebliche Vermittlungsdauer angegeben. Die Ausbildungsinhalte, die für Teil 1 der Gesellen- oder Abschlussprüfung relevant sind, werden dem Zeitraum 1. bis 18. Monat und die Ausbildungsinhalte für Teil 2 der Gesellen- oder Abschlussprüfung dem Zeitraum 19. bis 42. Monat zugeordnet. Die zeitlichen Richtwerte spiegeln die Bedeutung des jeweiligen Inhaltsabschnitts wider.
Die Summe der zeitlichen Richtwerte im Ausbildungsrahmenplan beträgt pro Ausbildungsjahr 52 Wochen. Hierbei handelt es sich jedoch um Bruttozeiten. Diese müssen in tatsächliche, betrieblich zur Verfügung stehende Ausbildungszeiten, also Nettozeiten, umgerechnet werden. Die folgende Modellrechnung veranschaulicht dies:

Bruttozeit (52 Wochen = 1 Jahr)	365 Tage
abzüglich Samstage, Sonntage und Feiertage[4]	114 Tage
abzüglich ca. 12 Wochen Berufsschule	60 Tage
abzüglich Urlaub[5]	30 Tage
Nettozeit Betrieb	**= 161 Tage**

Die betriebliche Nettoausbildungszeit beträgt nach dieser Modellrechnung rund 160 Tage im Jahr. Das ergibt – bezogen auf 52 Wochen pro Jahr – etwa drei Tage pro Woche, die für die Vermittlung der Ausbildungsinhalte im Betrieb zur Verfügung stehen. Die Ausbildung in überbetrieblichen Ausbildungsstätten zählt zur betrieblichen Ausbildungszeit.

Übersicht über die zeitlichen Richtwerte

Abschnitt A: berufsprofilgebende Fertigkeiten, Kenntnisse und Fähigkeiten			
		zeitliche Richtwerte in Wochen im	
Lfd. Nr.	**Berufsbildpositionen**	**1.–18. Monat**	**19.–42. Monat**
1	manuelles und maschinelles Herstellen von plan- und rundoptischen Bauteilen	23	23
2	Auswählen und Anwenden von Fügetechniken	6	3
3	Reinigen von optischen Bauteilen, Baugruppen und Systemen	5	5
4	Anwenden von Verfahren zur Oberflächenbeschichtung		9
5	Montieren und Justieren von Bauteilen und Baugruppen zu optischen Systemen	4	7
6	Messen und Prüfen von optischen Bauteilen, Baugruppen und Systemen	12	12
7	manuelles und maschinelles Bearbeiten von Metallen und Kunststoffen		4
8	Anwenden des Qualitätsmanagements	6	6
9	Planen, Steuern und Optimieren von Arbeitsprozessen	9	9
10	Bereitstellen von Werkstoffen und Betriebsstoffen	3	
11	Bedienen und Steuern von Produktionsanlagen	2	20
12	Instandhalten von Betriebsmitteln	3	3
13	Anwenden von betrieblicher und technischer Kommunikation	5	3
	Wochen insgesamt:	**78**	**104**

4,5 Vgl. hierzu die gesetzlichen und tarifvertraglichen Regelungen.

Abschnitt B: integrativ zu vermittelnde Fertigkeiten, Kenntnisse und Fähigkeiten		
Lfd. Nr.	**Berufsbildpositionen**	**zeitliche Zuordnung**
1	Organisation des Ausbildungsbetriebes, Berufsbildung sowie Arbeits- und Tarifrecht	während der gesamten Ausbildung
2	Sicherheit und Gesundheit bei der Arbeit	
3	Umweltschutz und Nachhaltigkeit	
4	digitalisierte Arbeitswelt	

2.1.4 Erläuterungen zum Ausbildungsrahmenplan

Vorbemerkungen

Die Erläuterungen und Hinweise zu den zu vermittelnden Fertigkeiten, Kenntnissen und Fähigkeiten (rechte Spalte) illustrieren die Ausbildungsinhalte durch weitere Detaillierung so, wie es für die praktische und theoretische Ausbildung vor Ort erforderlich ist, und geben darüber hinaus vertiefende Tipps. Sie erheben keinen Anspruch auf Vollständigkeit, sondern sind als Beispiele zu verstehen. Ausbildungsinhalte werden dadurch für die Praxis greifbarer, weisen Lösungswege bei auftretenden Fragen auf und unterstützen somit Ausbildende bei der Durchführung der Ausbildung. Je nach betrieblicher Ausrichtung sollen passende Inhalte in der Ausbildung vermittelt werden.

Für das Begriffsverständnis wurden dem Ausbildungsrahmenplan folgende Begriffe, die sich in den Lernzielen und Erläuterungen wiederfinden, zugrunde gelegt:

- Bauteil = Einzelteil
- Baugruppe = setzt sich aus mehreren Bauteilen zusammen
- optisches System = setzt sich aus mehreren Baugruppen zusammen

▶ Abschnitt A: berufsprofilgebende Fertigkeiten, Kenntnisse und Fähigkeiten

* in Wochen, im 1. bis 18. Monat | 19. bis 42. Monat

Berufsbildpositionen/ Fertigkeiten, Kenntnisse und Fähigkeiten	zeitliche Richtwerte*	Erläuterungen
1 manuelles und maschinelles Herstellen von plan- und rundoptischen Bauteilen (§ 4 Absatz 2 Nummer 1)		
a) Funktionen von planoptischen Bauteilen unter Berücksichtigung der Eigenschaften von Rohstoffen erläutern	23	▶ Funktionen, z. B.: • Bildumkehr • Parallelversatz • Dispersion • Filterfunktion ▶ Rohstoffe, z. B.: • optische Gläser • Kristalle
b) Funktionen von sphärischen und asphärischen optischen Bauteilen sowie Freiformen unter Berücksichtigung der Eigenschaften von Rohstoffen erläutern		▶ Funktionen, z. B.: • Sammellinsen • Streulinsen • Asphären ▶ Linsenformen ▶ Rohstoffe, z. B.: • optische Gläser • Kristalle ▶ Auswirkung des Rohstoffes auf die Funktion ▶ Halbzeuge, z. B.: • Glasblöcke • Glasplatten
c) Rohteile und Halbzeuge unter Berücksichtigung von Rohstoff- und Werkzeugeigenschaften spanlos und spanend trennen, insbesondere durch Anritzen und Brechen sowie durch Trennschleifen		▶ Wasserstrahlschneiden ▶ thermisches Trennen ▶ Rüsten von Maschinen ▶ Kühlschmierstoffe ▶ Computerized Numerical Control (CNC)-gesteuerte Maschinen ▶ Unfallverhütungsvorschriften (UVV)
d) Schleifverfahren und Schleifwerkzeuge auftragsbezogen und rohstoffspezifisch auswählen		▶ Formschleifen ▶ Freiformschleifen ▶ CNC-Prismenschleifmaschinen ▶ Schleifwerkzeuge

Abbildung 3: Einrichten zum Trennschleifen an einer CNC-gesteuerten Maschine (Quelle: DR. JOHANNES HEIDENHAIN GmbH)

Abbildung 4: CNC-Bearbeitung an einem 5-Achs-Bearbeitungszentrum (Quelle: DR. JOHANNES HEIDENHAIN GmbH)

* in Wochen, im 1. bis 18. Monat 19. bis 42. Monat

Berufsbildpositionen/ Fertigkeiten, Kenntnisse und Fähigkeiten	zeitliche Richtwerte*	Erläuterungen
e) Läppmittel und Läppwerkzeuge auftragsbezogen und rohstoffspezifisch auswählen		▸ Berücksichtigen, z. B. von: • Abtrag • Materialverträglichkeit • Anforderung ▸ Verwenden, z. B. von: • planen Läppwerkzeugen • sphärischen Läppwerkzeugen • Schalensatz
f) Poliermittel und Polierwerkzeuge auftragsbezogen und rohstoffspezifisch auswählen		▸ Berücksichtigen, z. B. von: • Materialverträglichkeit • Poliermittelträgern • Polierverfahren • Anforderung an Oberflächenformabweichung und Oberflächenunvollkommenheit • Poliertheorien
g) Polierwerkzeuge unter Berücksichtigung geometrischer Anforderungen herstellen		▸ Herstellen, z. B. von: • Folienwerkzeugen • Pechwerkzeugen
h) Schleif-, Läpp- und Polierwerkzeuge konditionieren		▸ Systemabstimmung ▸ Abrichten
i) Rohteile und Halbzeuge in Maschinen und Anlagen unter Berücksichtigung ihrer Geometrie fixieren, insbesondere durch Kitten und Spannen		▸ Spannverfahren, z. B.: • Vakuum • Spannzangen • Spannglocken ▸ Richtkitten
j) Halbzeuge aus unterschiedlichen Werkstoffen, insbesondere Glas, unter Berücksichtigung von Form-, Lage- und Maßtoleranzen herstellen, insbesondere durch Schleifen, Läppen und Polieren		▸ Bearbeiten, z. B. von: • Metallen und Halbmetallen • Kristallen • Kunststoffen
k) Maschinen- und Anlagenwerte prozessbezogen ermitteln, einstellen und optimieren		▸ Arbeitspläne ▸ Betriebsanleitungen

Abbildung 5: Manuelles Arbeiten an der Trittbank (Quelle: DR. JOHANNES HEIDENHAIN GmbH)

Abbildung 6: Hebelpolierarbeiten (Quelle: DR. JOHANNES HEIDENHAIN GmbH)

* in Wochen, im 1. bis 18. Monat | 19. bis 42. Monat

Berufsbildpositionen/ Fertigkeiten, Kenntnisse und Fähigkeiten	zeitliche Richtwerte*	Erläuterungen
l) Betriebsstoffe, insbesondere Läpp- und Poliermittel sowie Kühlschmierstoffe, ansetzen		▸ Aufbereiten von Kühlschmierstoffen unter Berücksichtigung von Konzentration und pH-Wert
m) optische Bauteile für die weitere Bearbeitung schützen		▸ Lackieren ▸ Folieren
n) optische Bauteile lagern, verpacken und transportieren und dabei Maßnahmen zur Vermeidung von Schäden ergreifen		▸ Lagersysteme ▸ Prozessabläufe ▸ Verpackungsarten ▸ betriebliche Vorgaben ▸ Reinräume
o) Eigenschaften von Betriebsstoffen, insbesondere chemische Eigenschaften, Konzentration und Temperatur, während des Bearbeitungsprozesses kontrollieren und bei Abweichungen Korrekturmaßnahmen ergreifen	23	▸ Bestimmen, z. B. von: • Füllmenge • Mischverhältnis • Temperatur • pH-Wert
p) Halbzeuge in Maschinen und Anlagen ausrichten und zentrierschleifen		▸ Herrichten von Zentrierglocken ▸ Auswählen von Spann- und Ausrichtverfahren ▸ optisches Ausrichten von Bauelementen ▸ Zentrierschleifen von Linsen
q) Programme für rechnergestützte Fertigungsprozesse erstellen		▸ Programmiersprachen ▸ Programmcode ▸ Eingabemasken
r) Maschinen- und Anlagenparameter für rechnergestützte Fertigungsprozesse einstellen		▸ Rüsten ▸ Werkzeugauswahl ▸ Programmauswahl
s) automatisierte Prozesse überwachen und bei Abweichungen Korrekturmaßnahmen ergreifen		▸ Zusammenarbeiten mit der Instandhaltung ▸ Wartungspläne ▸ Wartungszyklen
t) automatisierte Prozesse optimieren		▸ Beeinflussen der Taktzeiten durch Veränderung von Maschinenparametern ▸ Verändern von Betriebs- und Hilfsstoffen ▸ Einsetzen von speziellen Werkzeugen und Vorrichtungen

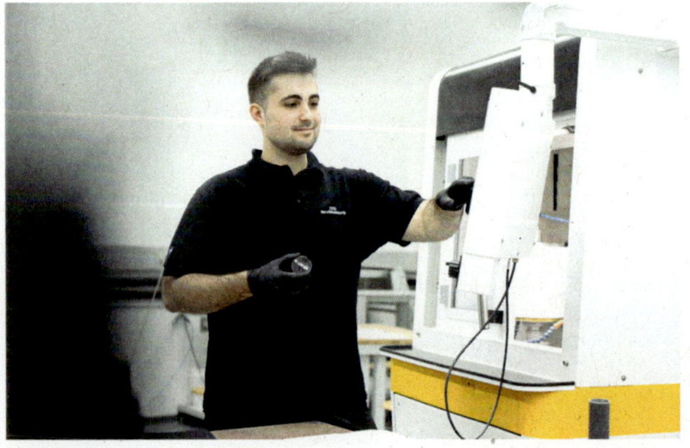

Abbildung 7: Feinoptiker an einer CNC-Poliermaschine (Quelle: Carl Zeiss AG)

Abbildung 8: CNC-Polieren (Quelle: Carl Zeiss AG)

* in Wochen, im 1. bis 18. Monat | 19. bis 42. Monat

Berufsbildpositionen/ Fertigkeiten, Kenntnisse und Fähigkeiten	zeitliche Richtwerte*	Erläuterungen
2 Auswählen und Anwenden von Fügetechniken (§ 4 Absatz 2 Nummer 2)		
a) Fügetechniken zur Bearbeitung von Rohteilen und Halbzeugen unter Berücksichtigung von Rohstoffeigenschaften auftragsbezogen anwenden	6	▸ Auswählen von Fügetechniken gemäß Arbeitsauftrag, Anforderungen und Genauigkeiten ▸ Fügetechniken, z. B.: • reguläre Kittung • provisorische Kittung • Gipsen
b) Spannungen beim Fügen von Rohteilen und Halbzeugen vermeiden		▸ Temperaturen ▸ Adhäsionsfolie ▸ Spannverfahren
c) Kittarten nach Eigenschaften unterscheiden und Kittverfahren, insbesondere unter Berücksichtigung von Materialeigenschaften, Geometrien, Toleranzen und Stückzahlen, zum Fixieren und Justieren für zu bearbeitende Rohteile und Halbzeuge auswählen und anwenden		▸ Verwenden, z. B. von: • Warm- und Kaltkitten • 1- und 2-Komponenten-Klebstoffen • Kitten mit ultraviolettem Licht ▸ Werkzeuge und Vorrichtungen, z. B.: • Einzel- und Mehrfachtragkörper • Einstellstücke ▸ Beachten von Spannungen ▸ provisorische oder reguläre Kittung ▸ Blockkittung ▸ Punktkittung ▸ Arbeitsplatzgestaltung ▸ UVV
d) Verbindungen von Rohteilen und Halbzeugen verfahrensabhängig lösen		▸ Lösen von Kittverbindungen mittels Temperaturveränderung oder Abklopfen ▸ Berücksichtigen, z. B. von: • Materialien • Kittverfahren • verwendeten Betriebsstoffen
e) Halbzeuge und Ansprengkörper, insbesondere unter Berücksichtigung von Oberflächenformtoleranzen und Oberflächenunvollkommenheiten, vorbereiten und durch Adhäsion verbinden	3	▸ Oberflächenformtoleranzen gemäß DIN ISO 10110 bezüglich „Passgenauigkeit“ ▸ Oberflächenunvollkommenheiten gemäß DIN ISO 10110 bezüglich „Sauberkeit“ ▸ Wirkprinzip beim Ansprengen ▸ Zusammenhang zwischen Ansprenggrundkörper und Werkstück ▸ Lagerung und Pflege der Ansprenggrundkörper ▸ Arbeitsplatzeinrichtung
3 Reinigen von optischen Bauteilen, Baugruppen und Systemen (§ 4 Absatz 2 Nummer 3)		
a) Reinigungsverfahren und Reinigungsmittel unter Berücksichtigung der Geometrie von optischen Bauteilen, Baugruppen und Systemen auftragsbezogen und werkstoffspezifisch auswählen, dabei ökologische und ökonomische Aspekte von Nachhaltigkeit beachten	5	▸ Unterscheiden von Werkstoffen ▸ Unterscheiden von Reinigungsmethoden nach Bauart ▸ Prinzip von Ultraschallreinigung und Einsatzgebieten ▸ Beachten von unterschiedlichen Verschmutzungsarten auf unterschiedlichen Materialien ▸ unterschiedliche Reinigungsmittel, z. B.: • Isopropylalkohol • Aceton • Linsenreinigungslösung ▸ effizientes Umgehen mit Reinigungsmitteln und Wasser ▸ sach- und fachgerechtes Entsorgen

* in Wochen, im 1. bis 18. Monat | 19. bis 42. Monat

Berufsbildpositionen/ Fertigkeiten, Kenntnisse und Fähigkeiten	zeitliche Richtwerte*	Erläuterungen
b) optische Bauteile, Baugruppen und Systeme zur manuellen und maschinellen Reinigung vorbereiten		▶ Bereitstellen von Aufträgen ▶ Berücksichtigen von produktbegleitenden Unterlagen ▶ Einordnen in Bestückungsrichtung ▶ Bestellen und Bereitstellen von Verpackungsmaterialien
c) optische Bauteile, Baugruppen und Systeme manuell reinigen		▶ Arbeitsplatzgestaltung nach Arbeitsstättenverordnung, z. B.: • Absaugung • Gesundheitsschutz • UVV ▶ Einhalten der persönlichen Schutzausrüstung (PSA), z. B. durch Tragen von: • Augenschutz (Schutzbrille) • Handschutz • Hautschutz ▶ produktbezogenes Einrichten des Arbeitsplatzes, z. B. mit: • Reinigungsbehältern • Entsorgungsbehältern • Beleuchtung • Werkzeugen • Reinigungsmitteln
d) Ergebnisse von Reinigungsmaßnahmen bewerten, Abweichungen dokumentieren und bei Abweichungen Maßnahmen ergreifen		▶ Erstellen und Auswerten von Prüfprotokollen anhand produktbegleitender Unterlagen ▶ Feststellen von Abweichungen ▶ Feststellen möglicher Fehlerursachen
e) Reinigungsmittel einer umweltgerechten Entsorgung zuführen		▶ Berücksichtigen der betrieblichen und gesetzlichen Entsorgungsrichtlinien von Behältern und Reinigungsmitteln
f) optische Bauteile, Baugruppen und Systeme maschinell reinigen	5	▶ Bedienen von Reinigungsanlagen ▶ Steuern von Reinigungsprozessen ▶ Bestimmen von Reinigungsprogrammen ▶ Berücksichtigen der Wechselwirkungen von Verweilzeiten, Schallzeiten und Frequenzen bei Ultraschall-Anlagen ▶ produktbezogene Sauberkeitsanforderungen, z. B.: • Kontrollreife • Vergütungsreife ▶ Programmoptimierung ▶ produktbegleitende Unterlagen, Buchungsvorgänge

Abbildung 9: Mikroskopieren im Reinraum (Quelle: DR. JOHANNES HEIDENHAIN GmbH)

* in Wochen, im 1. bis 18. Monat | 19. bis 42. Monat

Berufsbildpositionen/ Fertigkeiten, Kenntnisse und Fähigkeiten	zeitliche Richtwerte*	Erläuterungen
g) Reinigungsverfahren und Reinigungsmittel für beschichtete optische Bauteile, Baugruppen und Systeme auswählen und Reinigungsverfahren durchführen		▸ Definieren von Beschichtungseigenschaften anhand der produktbegleitenden Unterlagen ▸ Auswählen von Halterungen anhand der Geometrien
h) Reinigungsbäder nach betrieblichen Vorgaben ansetzen und prüfen		▸ Beachten von Bedienungsanleitungen ▸ Beachten von Zusammensetzungen nach Betriebsanweisung ▸ Prüfen des Reinigungsmediums, z. B. auf: • pH-Wert • Konzentration • Temperatur
i) Hilfsmittel zur Bestückung von Reinigungsanlagen auswählen und Reinigungsanlagen bestücken		▸ Bereitstellen der Reinigungsgestelle ▸ Bestücken der Reinigungsgestelle ▸ Bestellen und Bereitstellen von Verpackungsmaterial
4 Anwenden von Verfahren zur Oberflächenbeschichtung (§ 4 Absatz 2 Nummer 4)		
a) Beschichtungsmaterialien und deren Eigenschaften sowie Beschichtungsverfahren unterscheiden	9	▸ Entspiegeln, Verspiegeln, Strukturieren ▸ Sonderschichten ▸ Materialien zum Beschichten, z. B.: • Chrom • Magnesiumfluorid • Silber • Gold • Kupfer ▸ Verfahren, z. B.: • Hochvakuum • Sputtering • Tauchverfahren
b) optische Bauteile unter Berücksichtigung von deren Materialeigenschaften sowie Beschichtungsverfahren und Beschichtungsmaterialien zum Beschichten vorbereiten		▸ Transport, Lagerung, Reinigung ▸ Beachten, z. B. von: • Reinigungsvorschriften • Sicherheitsbestimmungen • Verhaltensregeln ▸ Bestückung und Belegung von Kalotten oder Substratträgervorrichtungen
c) Beschichtungsanlagen vorbereiten und bestücken		▸ Vakuumtechniken, Aufdampftechnik bzw. -prozess ▸ Anlage, Rezipient, Substratträgervorrichtungen ▸ Rüsten, Auswählen und Abwiegen von Bedampfungsmaterialien ▸ Bedienen und Einstellen von Maschinenparametern ▸ auftragsbezogenes Auswählen von Prozessprogrammen ▸ Dokumentieren von Prozessparametern
d) Oberflächenbeschichtungen durchführen, dabei Beschichtungsanlagen bedienen und steuern sowie bei Abweichungen Maßnahmen ergreifen		▸ Auswählen und Starten von Programmen
e) Oberflächen nach der Beschichtung, insbesondere auf Festigkeit, Reflexion und Transmission sowie Unvollkommenheiten, prüfen		▸ Prüfen, z. B. mittels: • Spektralphotometer • Haftfestigkeitstest • Sichtkontrolle ▸ Prüfen der Schichtdicken

* in Wochen, im 1. bis 18. Monat | 19. bis 42. Monat

Berufsbildpositionen/ Fertigkeiten, Kenntnisse und Fähigkeiten	zeitliche Richtwerte*	Erläuterungen
f) Prüfergebnisse bewerten, dokumentieren und bei Abweichungen Korrekturmaßnahmen ergreifen		▸ Erstellen von Messprotokollen ▸ Auswerten ▸ Ergreifen von Maßnahmen, z. B.: • Anpassen von Prozessparametern • Veranlassen der Nachbearbeitung
5 Montieren und Justieren von Bauteilen und Baugruppen zu optischen Systemen (§ 4 Absatz 2 Nummer 5)		
a) Maßnahmen zum Arbeits- und Gesundheitsschutz ergreifen sowie persönliche Schutzausrüstung einsetzen	4	▸ Anwenden der PSA je nach Tätigkeit ▸ Beachten, z. B. von: • Laserschutzklassen • Bedingungen im Reinraum • Sicherheitsdatenblättern • Verarbeitungsvorschriften
b) Hilfsstoffe, insbesondere Feinkitte, Vorrichtungen sowie Werkzeuge und Maschinen auswählen und bereitstellen		▸ Verwenden, z. B. von: • UV-Kitten • 1-und 2-Komponenten-Kleber • Vorrichtung zur Fixierung und Positionierung von Bauteilen • Zentrierrichtgerät ▸ richtiges Umgehen mit Lösungs- und Reinigungsmitteln
c) Bauteile nach technischen Unterlagen zur Montage vorbereiten und montagegerecht lagern		▸ Bereitstellen, z. B. von: • Bauteilen • Stücklisten • technischen Zeichnungen • Dokumentationen ▸ Vorbereiten, z. B.: • Reinigen • Konfektionieren • Bereitstellen von Normteilen ▸ ergonomisches Einrichten des Arbeitsplatzes
d) optische Bauteile nach technischen Unterlagen zu optischen Baugruppen montieren, insbesondere durch Feinkitten		▸ Prozessstufen eines Montageablaufs nach VDI-Richtlinie 2860 ▸ Versprengen optischer Bauteile zu Systemen ▸ Verkitten optischer Bauteile zu Systemen
e) Bauteile für den Einbau auf Funktionalität prüfen	7	▸ Anwenden optischer und mechanischer Prüfverfahren ▸ Autokollimationsfernrohre ▸ Prüfen auf Sauberkeit ▸ Kennen der Passungssysteme ▸ Form- und Lagetoleranzen
f) Maßnahmen zur Vermeidung von Spannungen ergreifen		▸ Fassen von Optiken, z. B.: • stoffschlüssig • kraftschlüssig • formschlüssig
g) mechanische, elektronische sowie optische Bauteile und Baugruppen nach technischen Unterlagen zu optischen Systemen unter Berücksichtigung von Aufbau und Funktionen montieren, insbesondere durch Kleben, Klemmen und Verschrauben		▸ sorgsames Umgehen mit den optischen Systemen und mechanischen Teilen ▸ Anwenden, z. B. von: • Stapelprinzip • Füllfassungsprinzip ▸ Sensorik, Lichtschranken, Laser, Optoelektronik

* in Wochen, im 1. bis 18. Monat 19. bis 42. Monat

Berufsbildpositionen/ Fertigkeiten, Kenntnisse und Fähigkeiten	zeitliche Richtwerte*	Erläuterungen
h) Bauteile, Baugruppen und optische Systeme unter Beachtung von Maß- und Lagetoleranzen während des Montagevorganges justieren und sichern		▸ Justagehilfen ▸ Zentrierrichtgerät
i) bei der Montage von optoelektronischen Systemen Electro-Static-Discharge-Schutz einhalten		▸ Beachten des Schutzes vor elektrostatischer Entladung ▸ Ergreifen von Schutzmaßnahmen, z. B.: • Electrostatic Discharge (ESD)-Kittel • Arbeitsschuhe • ableitfähige Arbeitsunterlage
j) Bauteile, Baugruppen und optische Systeme während Montagevorgängen und nach Endmontage anhand technischer Unterlagen auf Funktionalität prüfen		▸ Prüfen, z. B.: • mittels Zeichnungen • mittels Prüfanweisungen • der Abstände zwischen den Bauteilen in einer Baugruppe • der Funktionalität • der Zentriertoleranzen mit Autokollimationsfernrohr (AKF)
k) bei funktionalen Abweichungen Korrekturmaßnahmen ergreifen		▸ Erkennen von Abweichungen, z. B.: • Fokusfehler • Koma (Asymmetriefehler) • Astigmatismus ▸ Umsetzen von Korrekturmaßnahmen, z. B. mit: • Distanzringen • Blenden
l) Ergebnisse bewerten und dokumentieren		▸ Durchführen von Endkontrollen laut Protokoll ▸ Dokumentieren von Ergebnissen ▸ Freigeben von Prüfobjekten
m) Bauteile, Baugruppen und optische Systeme lagern, für den Versand vorbereiten und verpacken		▸ Berücksichtigen, z. B. von: • betrieblichen Lagersystemen • Anforderungen zur Lagerung von Halbzeugen und Bauteilen ▸ Verwenden von auftragsbezogenen Verpackungssystemen, z. B.: • Verschweißen • Membranverpackungen • Geldosen • Einzelverpackungen
6 Messen und Prüfen von optischen Bauteilen, Baugruppen und Systemen (§ 4 Absatz 2 Nummer 6)		
a) Aufbau und Funktion von Mess- und Prüfmitteln, insbesondere Interferometer und Goniometer, unterscheiden	**12**	▸ analoge und digitale Mess- und Prüfmittel ▸ Handhabung, Funktionsweise und Pflege von Mess- und Prüfmitteln, z. B.: • Haarlineal • Haarwinkel ▸ Messschieber, Bügelmessschraube ▸ Lehren, z. B.: • Grenzlehrdorn • Grenzrachenlehre ▸ analoge sowie digitale Messuhren und Messtaster ▸ typische optische Messmittel in der Fertigung, z. B.: • Probegläser • Einstellprismen • Sphärometer ▸ Interferometer, Goniometer, Spektralphotometer

* in Wochen, im 1. bis 18. Monat | 19. bis 42. Monat

Berufsbildpositionen/ Fertigkeiten, Kenntnisse und Fähigkeiten	zeitliche Richtwerte*	Erläuterungen
b) Mess- und Prüfverfahren sowie Mess- und Prüfmittel, insbesondere optische, mechanische und digitale Mess- und Prüfmittel, auftragsbezogen auswählen		▸ Auswählen und Anwenden von Prüfverfahren in Abhängigkeit von technischen Spezifikationen auf Zeichnungen und Arbeitsplänen
c) Mess- und Prüfmittel einstellen, kalibrieren und deren Funktionalität überwachen		▸ Handhabung von Kalibrierendmaßen ▸ regelmäßiges Überprüfen von Kalibrierendmaßen ▸ Kalibrierumgebung
d) optische Bauteile zum Messen und Prüfen vorbereiten, dabei Umwelteinflüsse auf das Messen und Prüfen beachten		▸ Einrichten des Prüfplatzes ▸ Beachten, z. B. von: • Temperatur • Luftfeuchtigkeit • sauberer Umgebung (Reinraum (RR))
e) optische Bauteile auf Eigenschaften und Abweichungen, insbesondere in Bezug auf Formen, Längen, Winkel und Zentrierungen, prüfen		▸ Lehren, Längenmessmittel, feste Winkel und Universalwinkel, Probegläser ▸ Zentrierschlagprüfgerät, Rundlaufprüfgerät ▸ taktile Messgeräte
f) optische Bauteile auf Eigenschaften und Abweichungen, insbesondere in Bezug auf Werkstoffbeschaffenheit und Oberflächenbeschaffenheit, prüfen		▸ Prüfen der Qualitätsmerkmale in Bezug auf die Werkstoffbeschaffenheit, z. B. Spannungsdoppelbrechung, Blasen und andere Einschlüsse sowie von Inhomogenitäten und Schlieren ▸ Prüfen der Qualitätsmerkmale in Bezug auf die Oberflächenbeschaffenheit und Oberflächenunvollkommenheiten ▸ Berücksichtigen der gültigen Normen ▸ Umgehen, z. B. mit: • Lupen • Mikroskopen • Spannungsprüfern • Mustertafeln
g) Funktionen von optischen Bauteilen prüfen		▸ optische Mess- und Prüfaufbauten zum Prüfen von geometrischen und optischen Anforderungen ▸ Oberflächenformtoleranz, Wellenfrontdeformation ▸ Ablenkungswinkel bei Prismen ▸ Zentrierung, Rundlauf ▸ Freiformen, z. B. mit: • taktilen Messmitteln • Hologrammen

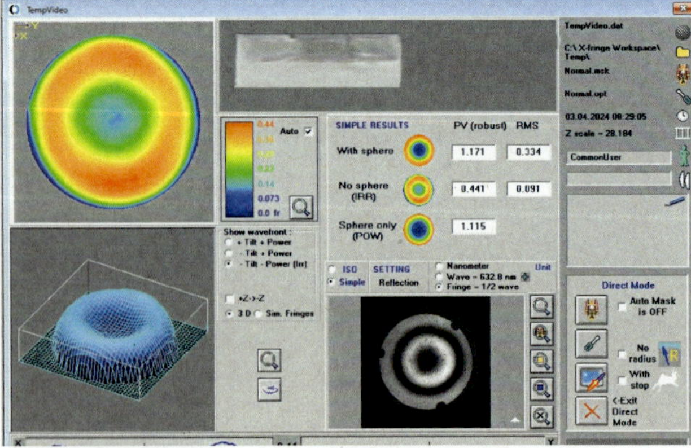

Abbildung 10: Digitale Auswertung eines Interferometers (Quelle: Carl Zeiss AG)

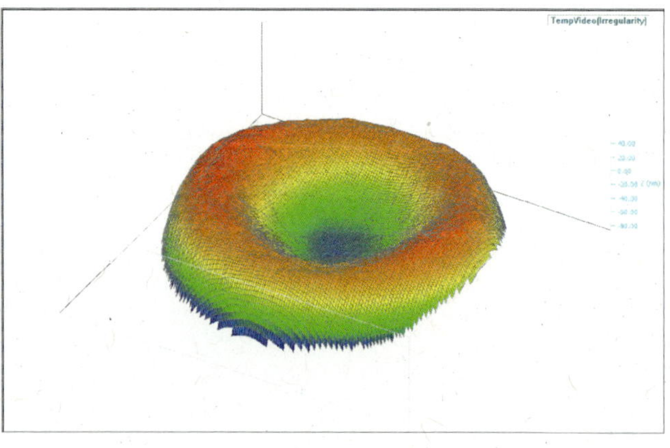

Abbildung 11: Digitale Auswertung eines Interferometers (3D-Unregelmäßigkeit) (Quelle: Carl Zeiss AG)

* in Wochen, im 1. bis 18. Monat 19. bis 42. Monat

Berufsbildpositionen/ Fertigkeiten, Kenntnisse und Fähigkeiten	zeitliche Richtwerte*	Erläuterungen
h) Abweichungen von optischen Bauteilen identifizieren sowie Korrekturmaßnahmen durchführen und veranlassen		▸ Anwenden betrieblicher Kenngrößen ▸ Anwenden von Normen
i) Mess- und Prüfprotokolle erstellen		▸ Nutzen von Formblättern für die Aufnahme und Eintragung von Mess- und Prüfdaten ▸ Erfassen von Prozessdaten ▸ Verwenden firmenspezifischer Unterlagen und Prüfprogramme
j) Messdaten und Prüfergebnisse auf Plausibilität prüfen, aufbereiten, analysieren, dokumentieren und für die weitere Produktion nutzen		▸ Fehlererkennung und -behebung ▸ Fehlerschlüssel ▸ Anwenden statistischer Mess- und Prüfverfahren ▸ Erstellen, z. B. von: • Diagrammen • Histogrammen
k) optische Baugruppen und Systeme zum Messen und Prüfen vorbereiten, dabei Umwelteinflüsse auf das Messen und Prüfen beachten	12	▸ Einsetzen von Mess- und Prüfaufbauten ▸ Herstellen der entsprechenden Arbeitsumgebung zum Prüfen, z. B.: • Raumtemperatur • Raumluftfeuchtigkeit • Reinraum

Abbildung 12: Feinoptiker beim Prüfen einer Oberfläche auf Oberflächenfehler (Quelle: Carl Zeiss AG)

* in Wochen, im 1. bis 18. Monat | 19. bis 42. Monat

Berufsbildpositionen/ Fertigkeiten, Kenntnisse und Fähigkeiten	zeitliche Richtwerte*	Erläuterungen
l) optische Baugruppen und Systeme auf Eigenschaften und Abweichungen, insbesondere in Bezug auf Formen, Längen, Winkel und Zentrierungen, prüfen		▶ Einsetzen von: • Interferometer • Goniometer • Zentrierschlagprüfgerät ▶ Nutzen taktiler Messsysteme ▶ Einsetzen elektronischer Auswertungssoftware ▶ Prüfen der mechanischen Komponenten
m) optische Baugruppen und Systeme auf Eigenschaften und Abweichungen, insbesondere in Bezug auf Werkstoffbeschaffenheit und Oberflächenbeschaffenheit, prüfen		▶ Abbildung, Wellenfrontdeformation, Zentrierung ▶ Vergütungen, Verspiegelungen ▶ Spannungsprüfung
n) Funktionen von optischen Baugruppen und Systemen prüfen		▶ Abbildungseigenschaften ▶ Wiederholgenauigkeiten ▶ Abmessungen
o) Abweichungen von optischen Baugruppen und Systemen identifizieren sowie Korrekturmaßnahmen durchführen und veranlassen		▶ Auswerten von Mess- und Prüfergebnissen und Vergleichen mit den Vorgaben ▶ Justieren ▶ Dokumentieren der Mess- und Prüfergebnisse ▶ Erstellen von Fehlerprotokollen
p) Endkontrollen durchführen und dokumentieren		▶ Überprüfen und Vervollständigen von Stücklisten ▶ Lesen, Übertragen und ggf. Ergänzen technischer Daten aus Zeichnungen und technischen Dokumentationen ▶ Anwenden firmenüblicher Prüfprotokolle und Prüfverfahren
7 manuelles und maschinelles Bearbeiten von Metallen und Kunststoffen (§ 4 Absatz 2 Nummer 7)		
a) Halbzeuge aus Metallen und Kunststoffen sowie manuelle und maschinelle Bearbeitungsverfahren unter Berücksichtigung von Werkstoffeigenschaften auswählen	4	▶ Anwenden von Werkzeugen und Bedienen von Maschinen zur Metallbearbeitung ▶ Warten und Pflegen ▶ Unterscheiden von Werkstoffen und Werkstoffeigenschaften, z. B.: • Messing • Aluminium • Stahl • Grauguss • Kunststoffe ▶ Kennenlernen von Passungssystemen und Berücksichtigen der Eigenschaften bei der Bearbeitung
b) Halbzeuge durch manuelle Bearbeitungsverfahren spanend und spanlos bearbeiten und trennen, insbesondere durch Biegen, Feilen und Sägen		▶ Herstellen von unterschiedlichen Flächen und Formen durch Feilen und Sägen ▶ Flächen und Formen, z. B.: • winklig und parallel • auf Maß ▶ Anwenden von Kaltumformungstechnologien, z. B.: • Biegen • Abkanten • Bördeln ▶ Umformen von Blechen und Profilen ▶ Anwenden unterschiedlicher Biegeverfahren, z. B. freies Biegen ▶ Berücksichtigen von Biegeradius und Rückfederung ▶ Messen von Längen mit Messschiebern und Messschrauben ▶ Unterscheiden von systematischen und zufälligen Messfehlern ▶ Anwenden von Messzeugen und Lehren bei Werkstücken ▶ Feilenarten, Hiebzahl und Hiebnummer

* in Wochen, im 1. bis 18. Monat 19. bis 42. Monat

Berufsbildpositionen/ Fertigkeiten, Kenntnisse und Fähigkeiten	zeitliche Richtwerte*	Erläuterungen
c) Halbzeuge durch maschinelle Bearbeitungsverfahren bearbeiten, insbesondere durch Bohren, Drehen und Fräsen		▸ Einsetzen von Stirn-, Umfangs- und Planfräsen ▸ Einhalten von Arbeitssicherheitsvorschriften ▸ Verwenden von Kühlschmierstoffen nach Vorgabe und anschließendes ordnungsgemäßes Entsorgen ▸ Herstellen von Dreh- und Frästeilen aus verschiedenen Metallen ▸ Herstellen von Dreh- und Frästeilen aus Kunststoffen ▸ Bohren von unterschiedlichen Metallen und Kunststoffen ▸ Anwenden von Messzeugen und Lehren bei Werkstücken ▸ Programmieren von CNC-Maschinen ▸ Gleich- und Gegenlauf ▸ Spanformen beim Fräsen und Drehen ▸ Kräfte beim Zerspanen ▸ Werkzeugverschleiß und Schneidstoffe ▸ Drehzahl, Vorschub, Schnittwerte ▸ unterschiedliche Drehverfahren ▸ Schnittgrößen beim Drehen ▸ Abstech- und Einstechdrehen ▸ Schneidengeometrie ▸ Bohrvorgang, Reibung, Schnittkraft, Werkzeuggeometrie
d) Außen- und Innengewinde unter Beachtung von Werkstoffeigenschaften schneiden		▸ Gewindearten, Gewindeherstellungsverfahren, Gewindebohren ▸ Schnittwerte beim Gewindeschneiden ▸ Kennenlernen von Gewindesystemen und Berücksichtigen bei der Bearbeitung ▸ maschinelle Herstellung von Gewinden
e) Bauteile und Baugruppen fügen, insbesondere durch Kleben, Schrauben und Stiften		▸ lösbare und unlösbare Verbindungen ▸ Fügetechniken: • stoffschlüssig • kraftschlüssig • formschlüssig ▸ Berücksichtigen der Lasttragfähigkeit beim Kleben ▸ Berücksichtigen von äußeren Einflüssen beim Kleben ▸ Beachten beim Kleben, z. B. von: • Aushärtetemperatur • Festigkeit • Verformbarkeit • Wärmebeständigkeit ▸ Anwenden unterschiedlicher Klebstoffe zur Verbindung von Metall/Metall und Glas/Metall ▸ Fügen durch Verschrauben ▸ Bezeichnungen von Schrauben, Festigkeitsklassen ▸ Schraubensicherungen zum Sichern von Schraubverbindungen mit unterschiedlichen Klebstoffen, z. B.: • formschlüssig • kraftschlüssig • stoffschlüssig

* in Wochen, im 1. bis 18. Monat | 19. bis 42. Monat

Berufsbildpositionen/ Fertigkeiten, Kenntnisse und Fähigkeiten	zeitliche Richtwerte*	Erläuterungen
8 Anwenden des Qualitätsmanagements (§ 4 Absatz 2 Nummer 8)		
a) Ziele, Aufgaben und Organisation von Qualitätsmanagementsystemen erläutern	6 (1. bis 18. Monat)	▸ DIN ISO 9000 ff. ▸ Zufriedenheit von Kunden und Kundinnen ▸ Anforderungen von Kunden und Kundinnen ▸ Zertifizierungskriterien ▸ Vorteile ▸ Auswertungen ▸ Methoden ▸ Prozesse ▸ Glaubwürdigkeit ▸ betriebliche Qualitätssysteme
b) betriebliches Qualitätsmanagementsystem anwenden		▸ dem Fertigungsprozess entsprechende qualitätssichernde Maßnahmen ▸ Produktionsqualität ▸ Qualität der Arbeitsabläufe ▸ elektronische und manuelle Datenerfassung ▸ Eingangs-, Zwischen- und Endprüfungen
c) produkt- und prozessbezogene Qualitätsstandards unter Berücksichtigung von Normen und Richtlinien anwenden		▸ gültige Normen, z. B.: • ISO 10110 • ISO 1101 • ISO 14999-4 • Werksnormen ▸ Fehleranalyseverfahren, Prüfprotokolle ▸ statistische Methoden, Stichproben, Analysekarten
d) zur Qualitätssicherung Daten systematisch erfassen und auswerten		▸ Prüfplanung (Vorgehensweise bei der Erstellung eines Prüfplans, Prüfablauf) ▸ Prüfausführung und -durchführung ▸ manuelle Datenerfassung über Prüfprotokolle, Regelkarten ▸ Einsetzen elektronischer Qualitätssoftware ▸ Erstellen, Darstellen und Auswerten von Diagrammen ▸ Führen einer Strichliste
e) Ursachen von Fehlern und Qualitätsmängeln systematisch identifizieren, Maßnahmen zur Beseitigung ergreifen und dokumentieren	6 (19. bis 42. Monat)	▸ Fertigungs- und Prozessablaufkenntnisse ▸ Einflüsse und Ursachen ▸ Aufzeigen von Lösungen ▸ Weitergeben von Informationen
f) zur kontinuierlichen Verbesserung von Prozessen im eigenen Arbeitsbereich beitragen		▸ Qualitätsschulungen ▸ Lesen und Anwenden von Darstellungsmöglichkeiten und -methoden, z. B.: • Brainstorming • Fluss-, Baum-, Ishikawa-, Verlaufs- und Streudiagramme • Strichliste
9 Planen, Steuern und Optimieren von Arbeitsprozessen (§ 4 Absatz 2 Nummer 9)		
a) Arbeitsaufträge unter Berücksichtigung von technischen Unterlagen prüfen	9 (1. bis 18. Monat)	▸ Erstellen, Lesen und Interpretieren von technischen Zeichnungen und Dokumentationen ▸ Anwenden betrieblicher Unterlagen ▸ Berücksichtigen, z. B. von: • Handbüchern • Produktbeschreibungen • Flussdiagrammen

* in Wochen, im 1. bis 18. Monat | 19. bis 42. Monat

Berufsbildpositionen/ Fertigkeiten, Kenntnisse und Fähigkeiten	zeitliche Richtwerte*	Erläuterungen
b) Verfahren unter Berücksichtigung betrieblicher Vorgaben sowie von Materialeigenschaften auswählen		▸ Kennen von Maschinen-, Werkzeug-, Material- und Fertigungsprozessen
c) Arbeitsprozesse und Arbeitsschritte unter Beachtung von Qualitätsvorgaben, wirtschaftlicher und terminlicher Vorgaben sowie Nachhaltigkeitsaspekten planen		▸ Arbeitsauftrag, Arbeitsplanung ▸ Toleranzen, Prüf- und Messmittel ▸ Maschinen- und Tätigkeitslaufzeiten ▸ Arbeitsplatzbelegungszeiten ▸ Werkzeugverschleiß
d) Material- und Stücklisten erstellen		▸ manuell und digital ▸ Darstellungsformen ▸ Textverarbeitungsprogramme
e) Werkstoffe, Betriebsstoffe, Werkzeuge, Maschinen und Anlagen auftragsbezogen bereitstellen und vorbereiten		▸ Bestücken und Vorbereiten der Teilezuführung ▸ Umgehen mit Werkzeugwechseleinheiten und Vorbereiten für die Komplettbearbeitung
f) Einsatzbereitschaft von Werkzeugen, Maschinen und Anlagen prüfen und bei Abweichungen Korrekturmaßnahmen ergreifen		▸ Wartung und Pflege ▸ Wartungs-/Bedienungsanweisungen ▸ Maschinendokumentationen ▸ Werkzeugbeschaffenheit, Kontrollieren auf einwandfreien Zustand ▸ Handhabung
g) Arbeitsplätze unter Berücksichtigung von Arbeitsabläufen vorbereiten		▸ ergonomische Gesichtspunkte ▸ Arbeitsschutz ▸ UVV ▸ Maschinenbelegungspläne
h) Störungen von Arbeitsprozessen erkennen und Maßnahmen zu deren Behebung veranlassen		▸ Einhalten der Meldekette ▸ Berücksichtigen von Qualitätsdaten und -merkmalen
i) Arbeitsergebnisse kontrollieren und anhand von Vorgaben bewerten sowie dokumentieren		▸ Zeichnungen, technische Dokumentationen ▸ Qualitätskontrollkarten, Prüfprotokolle
j) Arbeitsprozesse und Arbeitsergebnisse auf der Grundlage von prozess- und produktbezogenen Daten analysieren, auswerten, dokumentieren und optimieren	9	▸ Erfassen von Prozessdaten ▸ Analysieren der Prozessdaten mit Auswertung ▸ Erarbeiten von Lösungen
10 Bereitstellen von Werkstoffen und Betriebsstoffen (§ 4 Absatz 2 Nummer 10)		
a) Werkstoffe und Betriebsstoffe nach Form, Art und Qualität sowie nach Verarbeitbarkeit unterscheiden und auftragsbezogen auswählen	3	▸ Berücksichtigen, z. B. von: • Glaskatalog • Kennzeichnungen • Bearbeitungsverfahren • Materialien ▸ Auswerten von Arbeitsaufträgen und Prüfen der Realisierbarkeit ▸ Gliedern der Arbeitsabläufe in Arbeitsschritte ▸ Festlegen von Teilaufgaben und Arbeitsschritten

* in Wochen, im 1. bis 18. Monat | 19. bis 42. Monat

Berufsbildpositionen/ Fertigkeiten, Kenntnisse und Fähigkeiten	zeitliche Richtwerte*	Erläuterungen
b) die Verfügbarkeit und Qualität von Werkstoffen und Betriebsstoffen prüfen sowie bei Abweichungen Maßnahmen ergreifen		▸ Lagerbestandsprüfung ▸ Lagerhaltung ▸ Bestellverfahren
c) Werk- und Betriebsstoffe zum Schleifen, Läppen und Polieren bereitstellen		▸ auftragsbezogenes Auswählen der Werk- und Betriebsstoffe
d) Betriebsstoffe, insbesondere Kühl- und Schmierstoffe, kennzeichnen, auffüllen und wechseln		▸ Kennzeichnungspflicht von Gefahrstoffen ▸ fachgerechte Lagerung und Entsorgung ▸ Transport ▸ UVV ▸ PSA
e) Werkstoffe und Betriebsstoffe nach rechtlichen Regelungen und betrieblichen Vorgaben entsorgen		▸ Emissionsrichtlinien ▸ Entsorgungsnachweise ▸ gesetzliche und betriebliche Vorgaben ▸ Nachweispflicht
f) Maßnahmen zum effizienten Umgang mit Wasser ergreifen		▸ Nachhaltigkeit
g) Transport und Lagerung von Werk- und Betriebsstoffen sowie von Produkten sicherstellen		▸ Transportsicherung ▸ Lösemittelschränke ▸ Richtlinien ▸ Kennzeichnung
h) Waren annehmen und anhand von Begleitdokumenten prüfen, insbesondere auf Vollständigkeit und Qualität, sowie Wareneingangsdaten erfassen		▸ Prüfen des Wareneingangs, z. B.: • Menge • Qualität • Transportschäden ▸ Dokumentieren ▸ Lieferannahmeverfahren ▸ Warenbegleitpapiere
11 Bedienen und Steuern von Produktionsanlagen (§ 4 Absatz 2 Nummer 11)		
a) Aufbau und Funktionszusammenhänge von Produktionsanlagen und Zusatzeinrichtungen erläutern sowie deren Betriebsbereitschaft prüfen und sicherstellen	2	▸ Betriebsanleitungen ▸ Bedienelemente ▸ Spannvorrichtungen ▸ Werkzeuge ▸ Überprüfen und Sicherstellen der Funktion von Zusatzeinrichtungen, z. B. Zentrifugen oder Poliermittelpumpen
b) Wirksamkeit mechanischer und elektrischer Sicherheitsvorrichtungen und Meldesysteme prüfen		▸ Sicherheitseinrichtungen, z. B. Testen von Notaus- und Zweihandschaltungen ▸ Regelkreise
c) auftragsbezogene Daten für den Einsatz von Produktionsanlagen, auch von vernetzten Produktionsanlagen, in Abhängigkeit von Werkstoffen, Bauteilen und Baugruppen sowie Verfahrenstechnik prüfen, einsetzen und diese Anlagen in Betrieb nehmen	20	▸ Bearbeitungsparameter, z. B. Schnittgeschwindigkeit, Drehzahl von Werkzeugen, Festlegen des Polierdrucks je nach Werkstückgeometrie (Größe und Form) ▸ vor Inbetriebnahme Überprüfen der Sicherheitseinrichtungen auf Funktionsweise ▸ Festlegen der Arbeitsabläufe anhand der Begleitdokumente

* in Wochen, im 1. bis 18. Monat | 19. bis 42. Monat

Berufsbildpositionen/ Fertigkeiten, Kenntnisse und Fähigkeiten	zeitliche Richtwerte*	Erläuterungen
d) in der digital vernetzten Produktion selbstorganisiert arbeiten		▸ Überwachen der Produktion auf korrekte Abläufe ▸ Kontrollieren der Sicherheitseinrichtungen auf Funktionsfähigkeit ▸ Messergebnisse, z. B. Übertragen von digitalen Messgeräten auf vernetzte Bearbeitungsmaschinen und Durchführen der Bearbeitung ▸ Zusatzeinrichtungen, z. B.: • (kollaborative) Robotik • Drehteller • Handlingsystem
e) Programmabläufe von Produktionsanlagen sowie Produktionsprozesse und Fertigungsparameter überwachen und steuern		▸ Anpassen der Parameter zur Optimierung der Fertigungsergebnisse ▸ Durchführen von Fertigungs- und Qualitätskontrollen ▸ Kontrollieren von Verschleißteilen wie Dichtungen und Filter ▸ Messen, Einstellen und Kontrollieren des Drucks in pneumatischen und elektropneumatischen Systemen, z. B. Druck bei Polierprozessen
f) Störungen an Produktionsanlagen feststellen, eingrenzen und Maßnahmen zur Behebung veranlassen		▸ Prüfen der Sicherheitseinrichtungen auf Funktion ▸ Erkennen und Dokumentieren von Störungen ▸ Beschreiben eines Fehlers bei Störung und Definieren der möglichen Fehlerursache ▸ Zusammenarbeiten mit der Instandhaltung ▸ Einhalten der Wartungspläne und Beachten der Wartungszyklen
12 Instandhalten von Betriebsmitteln (§ 4 Absatz 2 Nummer 12)		
a) Verfahren zur Reinigung, Inspektion und Wartung von Werkzeugen, Maschinen und Anlagen sowie Mess- und Prüfmitteln auswählen	3	▸ Maschinenhandbücher ▸ Instandhaltungssoftware ▸ betriebliche Bestimmungen
b) Reinigungs-, Inspektions- und Wartungsarbeiten durchführen, dabei Maßnahmen zum Umweltschutz und zur Nachhaltigkeit ergreifen		▸ Durchführen, z. B. von: • täglichen Reinigungen • turnusmäßigen Reinigungen • Sichtkontrollen ▸ fachgerechtes Entsorgen und Nachweisen ▸ Berücksichtigen gesetzlicher Grundlagen ▸ Berücksichtigen von Prüfwerten und Wartungsintervallen ▸ Dokumentieren
c) Ergebnisse von Reinigungs-, Inspektion- und Wartungsarbeiten bewerten und nach betrieblichen Vorgaben dokumentieren		▸ Wartungsprotokolle ▸ Durchführungsnachweise ▸ Dokumentationen
d) persönliche Schutzausrüstung einsetzen sowie Maßnahmen zum Arbeits- und Gesundheitsschutz ergreifen		▸ Sicherheitshinweise ▸ Sicherheitssysteme
e) Störungen an Werkzeugen, Maschinen und Anlagen erkennen und Maßnahmen zu deren Beseitigung veranlassen	3	▸ Verwenden von Kommunikationsmitteln, z. B.: • Telefon • Ticketsystem • schriftliche Übergabe • E-Mail ▸ Berücksichtigen von Verantwortlichkeiten

* in Wochen, im 1. bis 18. Monat | 19. bis 42. Monat

Berufsbildpositionen/ Fertigkeiten, Kenntnisse und Fähigkeiten	zeitliche Richtwerte*	Erläuterungen
f) Herstellervorgaben, technische Anweisungen und betriebliche Vorgaben beachten		▸ Betriebsanweisungen ▸ Maschinendatenblätter
g) Betriebsbereitschaft von Werkzeugen, Maschinen und Anlagen sicherstellen, Verschleißteile austauschen und den Austausch veranlassen		▸ Berücksichtigen von Kompetenzen ▸ Dokumentieren der Maßnahmen
13 Anwenden von betrieblicher und technischer Kommunikation (§ 4 Absatz 2 Nummer 13)		
a) Aufgaben im Team abstimmen, planen und umsetzen, Ergebnisse auswerten und präsentieren sowie Aufgaben übergeben	5	▸ Rollen, Kompetenzen und Interessen von Beteiligten ▸ geeignete Kommunikationsmittel ▸ technische, ökonomische, organisatorische Rahmenbedingungen ▸ Zeit- und Aufgabenpläne ▸ zielgerichtetes Austauschen von Informationen zur Aufgabenerfüllung ▸ Kriterien zur Auswertung von Ergebnissen ▸ Präsentationstechniken ▸ Ergebnis- und Übergabeprotokolle
b) Gespräche situationsgerecht führen und Sachverhalte darstellen, dabei Fachbegriffe anwenden		▸ Grundregeln der Gesprächsführung, z. B.: • Gesprächsrahmen • verbale und nonverbale Kommunikation • Offenheit • positiver Gesprächsabschluss ▸ Techniken der Gesprächsführung ▸ Reflexion des eigenen Kommunikationsverhaltens
c) technische Zeichnungen sowie Skizzen und Stücklisten unter Berücksichtigung von Normen, insbesondere Toleranznormen, anwenden sowie analog und digital anfertigen		▸ Gesamtansichten ▸ Detailansichten ▸ Daten aus Fertigungsaufträgen ▸ Grenzmaße ▸ Gestaltungsgrundsätze
d) technische Unterlagen, insbesondere Betriebsanleitungen, Kataloge und Reparaturanleitungen, anwenden		▸ bestimmungsgemäßes Umgehen ▸ Berücksichtigen von Art und Aufbau ▸ Berücksichtigen von Sicherheitshinweisen
e) Kommunikation mit vorausgehenden und nachfolgenden Funktionsbereichen sicherstellen	3	▸ Anforderungen unterschiedlicher Funktionsbereiche ▸ relevante Informationen ▸ Vor- und Nachteile unterschiedlicher Kommunikationswege, z. B.: • Ticketsystem • Telefon • E-Mail
f) einfache Auskünfte, auch in einer Fremdsprache, erteilen		▸ Feststellen des Informationsbedarfs ▸ Nutzen verschiedener Informationsquellen ▸ Erteilen passgenauer Informationen ▸ Beantworten von Rückfragen
g) betriebliches Informationssystem zum Bearbeiten von Arbeitsaufträgen anwenden sowie zur Beschaffung von Informationen und technischen Unterlagen nutzen		▸ Bestimmen von Anforderungen aus Arbeitsaufträgen ▸ Anwenden von Recherchetechniken ▸ Recherchieren benötigter Daten und Informationen ▸ Wissensmanagement

* in Wochen, im 1. bis 18. Monat 19. bis 42. Monat

Berufsbildpositionen/ Fertigkeiten, Kenntnisse und Fähigkeiten	zeitliche Richtwerte*	Erläuterungen
h) betriebliches Informationssystem zur Beschaffung und Lagerung von Werkstoffen, Betriebsstoffen und Betriebsmitteln nutzen		▸ Anwenden von Recherchetechniken ▸ Recherchieren benötigter Daten und Informationen ▸ Berücksichtigen der Anforderungen an die Beschaffung und Lagerung
i) betriebliche Standardsoftware anwenden		▸ Anwendungsbereiche ▸ Aufbau ▸ Handhabung

▶ Abschnitt B: integrativ zu vermittelnde Fertigkeiten, Kenntnisse und Fähigkeiten

Berufsbildpositionen/ Fertigkeiten, Kenntnisse und Fähigkeiten	zeitliche Zuordnung	Erläuterungen
1 Organisation des Ausbildungsbetriebes, Berufsbildung sowie Arbeits- und Tarifrecht (§ 4 Absatz 3 Nummer 1)		
a) den Aufbau und die grundlegenden Arbeits- und Geschäftsprozesse des Ausbildungsbetriebes erläutern		▶ Branchenzugehörigkeit ▶ Rechtsform ▶ Zielsetzung und Angebotsstruktur des Ausbildungsbetriebes ▶ Arbeits-, Verwaltungsabläufe und deren betriebliche Organisation
b) Rechte und Pflichten aus dem Ausbildungsvertrag sowie Dauer und Beendigung des Ausbildungsverhältnisses erläutern und Aufgaben der im System der dualen Berufsausbildung Beteiligten beschreiben	**während der gesamten Ausbildung**	▶ grundlegende rechtliche Vorgaben, z. B.: • Berufsbildungsgesetz, ggf. Handwerksordnung • Jugendarbeitsschutzgesetz • Arbeitszeitgesetz • Tarifrecht • Entgeltfortzahlungsgesetz • Ausbildungsordnung • Gesetz zum Schutz von Müttern bei der Arbeit, in der Ausbildung und im Studium ▶ Inhalte des Ausbildungsvertrages, z. B.: • Art und Ziel der Berufsausbildung • Vertragsparteien • Beginn und Dauer der Ausbildung • Probezeit • Kündigungsregelungen • Ausbildungsvergütung • Urlaubsanspruch • inhaltliche und zeitliche Gliederung der Ausbildung • betrieblicher Ausbildungsplan • Form des Ausbildungsnachweises ▶ Beteiligte im System der dualen Berufsausbildung • Ausbildungsbetriebe (ggf. überbetriebliche Bildungsstätte) und Berufsschulen • Gewerkschaften und Arbeitgeberverbände • zuständige Stellen • Bundesministerien • Kultusministerkonferenz der Länder ▶ Rolle der Beteiligten, z. B.: • Entwicklung und Abstimmung betrieblicher und schulischer Ausbildungsinhalte • Vermittlung von Ausbildungsinhalten • Lernortkooperation • Abnahme von Prüfungen ▶ Betrieb, z. B.: • Arbeits- und Pausenzeiten • Urlaubs- und Überstundenregelungen • Beschwerderecht • Betriebsvereinbarungen ▶ Berufsschule, z. B.: • rechtliche Regelungen der Länder zur Schulpflicht • Rahmenlehrplan • Freistellung und Anrechnung

Berufsbildpositionen/ Fertigkeiten, Kenntnisse und Fähigkeiten	zeitliche Zuordnung	Erläuterungen
c) die Bedeutung, die Funktion und die Inhalte der Ausbildungsordnung und des betrieblichen Ausbildungsplans erläutern sowie zu deren Umsetzung beitragen	während der gesamten Ausbildung	▸ Elemente einer Ausbildungsordnung, z. B.: • Berufsbezeichnung • Ausbildungsdauer • Ausbildungsberufsbild • Ausbildungsrahmenplan • Prüfungs- und Bestehensregelung ▸ betrieblicher Ausbildungsplan, z. B.: • sachlicher und zeitlicher Verlauf der Ausbildung • Ausbildungsnachweis als – Abgleich mit betrieblichem Ausbildungsplan – Zulassungsvoraussetzung zur Abschlussprüfung • Lernortkooperation ▸ Checklisten zur Umsetzung
d) die für den Ausbildungsbetrieb geltenden arbeits-, sozial-, tarif- und mitbestimmungsrechtlichen Vorschriften erläutern		▸ arbeitsrechtliche Regelungen, z. B.: • Ausbildungsvergütung, Arbeitsentgelt, Arbeitszeiten, Urlaubsanspruch, Arbeitsbedingungen, Abschluss und Kündigung von Arbeitsverhältnissen, Laufzeit von Verträgen • tarifliche, betriebliche und individuelle Vereinbarungen über die zuvor genannten Punkte • Zulagen, Sonderzahlungen und Urlaubsgeld ▸ sozialrechtliche Regelungen, z. B.: • Sozialstaat und Solidargedanke • gesetzliche Sozialversicherung mit Arbeitslosen-, Unfall-, Renten-, Pflege- und Krankenversicherung • Allgemeines Gleichbehandlungsgesetz, Versorgungsmedizinverordnung, Gesetz zur Gleichstellung von Menschen mit Behinderungen, Gesetz zum Schutz von Müttern bei der Arbeit, in der Ausbildung und im Studium ▸ tarifrechtliche Regelungen, z. B.: • Tarifbindung • Tarifvertragsparteien • Tarifverhandlungen • Geltungsbereich (räumlich, fachlich, persönlich) von Tarifverträgen für Arbeitnehmer/-innen der entsprechenden Branche sowie deren Anwendung auf Auszubildende ▸ mitbestimmungsrechtliche Regelungen, z. B.: • Betriebsverfassungsgesetz oder Personalvertretungsgesetze, Recht von Arbeitnehmern und Arbeitnehmerinnen auf Mitbestimmung am Arbeitsplatz, Gleichberechtigung von Betriebsrat/Personalrat und Arbeitgeber • Vereinigungs- und Koalitionsfreiheit
e) Grundlagen, Aufgaben und Arbeitsweise der betriebsverfassungs- oder personalvertretungsrechtlichen Organe des Ausbildungsbetriebes erläutern		▸ Grundsatz der vertrauensvollen Zusammenarbeit zwischen Arbeitgeber- und Arbeitnehmervertretern und Arbeitgeber- und Arbeitnehmervertreterinnen ▸ Aufgaben und Arbeitsweise von Betriebsrat/Personalrat, Jugend- und Auszubildendenvertretung ▸ Beratungs- und Mitbestimmungsrechte, Betriebsvereinbarungen
f) Beziehungen des Ausbildungsbetriebes und seiner Beschäftigten zu Wirtschaftsorganisationen und Gewerkschaften erläutern		▸ Mitgliedschaft in • branchenspezifischen Arbeitgeberverbänden • Fachgewerkschaften ▸ Arbeitskreise ▸ Netzwerktreffen

Berufsbildpositionen/ Fertigkeiten, Kenntnisse und Fähigkeiten	zeitliche Zuordnung	Erläuterungen
g) Positionen der eigenen Entgeltabrechnung erläutern	während der gesamten Ausbildung	▸ Brutto- und Nettobeträge ▸ Abzüge für Steuern und Sozialversicherungsträger ▸ Steuerklassen ▸ Krankenkasse ▸ Angabe von Urlaubstagen ▸ Sonderzahlungen, Leistungsprämien, vermögenswirksame Leistungen, Sachzuwendungen
h) wesentliche Inhalte von Arbeitsverträgen erläutern		▸ Inhalte des Arbeitsvertrages, z. B.: • Berufsbezeichnung • Tätigkeitsbeschreibung • Arbeitszeit und -ort • Beginn und Dauer des Beschäftigungsverhältnisses • Probezeit • Kündigungsregelungen • Arbeitsentgelt • Urlaubsanspruch • Datenschutzbestimmungen • Arbeitsunfähigkeit • zusätzliche Vereinbarungen • zusätzliche Vorschriften, z. B. tarifliche Regelungen, Betriebsordnungen, Dienstvereinbarungen
i) Möglichkeiten des beruflichen Aufstiegs und der beruflichen Weiterentwicklung erläutern		▸ Möglichkeiten der Anpassungs- und Aufstiegsfortbildung • branchen- und berufsspezifische Karrierewege • Anpassungsfortbildung • Aufstiegsfortbildung, z. B. nach BBiG/HwO oder Länderrecht/Fachschulen • Zusatzqualifikationen ▸ Förderungsmöglichkeiten • Aufstiegs-BAföG • Prämien und Stipendien • Weiterbildungsgesetze der Länder
2 Sicherheit und Gesundheit bei der Arbeit (§ 4 Absatz 3 Nummer 2)		
a) Rechte und Pflichten aus den berufsbezogenen Arbeitsschutz- und Unfallverhütungsvorschriften kennen und diese Vorschriften anwenden	während der gesamten Ausbildung	▸ einschlägige Gesundheits- und Arbeitsschutzvorschriften, z. B.: • Arbeitsschutzgesetz • Jugendarbeitsschutzgesetz • Arbeitsstättenverordnung • Arbeitszeitgesetz • Arbeitssicherheitsgesetz • Gefahrstoffverordnung, insbesondere Gefahrensymbole und Sicherheitskennzeichen ▸ regelmäßige Reflexion über Gefährdungen durch Routine ▸ sachgerechter Umgang mit Gefährdungen ▸ allgemeine und betriebliche Verhaltensregeln, Wissen über Fluchtwege, Erste Hilfe, Notrufnummern, Notausgänge, Sammelplätze ▸ im Gebäude/am Arbeitsplatz: Brandschutzmittel, Feuerlöscher ▸ Erfolgsfaktoren zur langfristigen psychischen und physiologischen Gesunderhaltung

Berufsbildpositionen/ Fertigkeiten, Kenntnisse und Fähigkeiten	zeitliche Zuordnung	Erläuterungen
b) Gefährdungen von Sicherheit und Gesundheit am Arbeitsplatz und auf dem Arbeitsweg prüfen und beurteilen	während der gesamten Ausbildung	▸ besondere Fürsorgepflicht des Arbeitgebers ▸ Arten von Gefährdungen, z. B.: • mechanische, elektrische und thermische Gefährdungen • physikalische Einwirkungen und Gefahrstoffe • Brand- und Explosionsgefährdungen • Arbeitsumgebungsbedingungen • psychische Faktoren • physische Belastungen ▸ Beratung und Überwachung der Betriebe durch außerbetriebliche Organisationen, z. B.: • Audits • Studien • Gutachten durch Gewerbeaufsicht und Berufsgenossenschaften ▸ Bereiche, z. B.: • Ergonomie • Schutzausrüstung und Unterweisungen für Personen • Sicherheit an Maschinen • Sicherheit von Einrichtungen und Gebäuden • Brandschutz • Prozesssicherheitsmanagement • Infektionsschutz und Hygiene • Sicherheit des Fuhrparks ▸ Arbeits- und Wegeunfälle
c) sicheres und gesundheitsgerechtes Arbeiten erläutern		▸ Merkblätter und Richtlinien zur Verhütung von Unfällen beim Umgang mit Werk- und Hilfsstoffen sowie mit Werkzeugen und Maschinen ▸ sachgerechter Umgang mit Gefährdungen ▸ gesundheitserhaltende Verhaltensregeln ▸ regelmäßige Unterweisung der Mitarbeiter/-innen
d) technische und organisatorische Maßnahmen zur Vermeidung von Gefährdungen sowie von psychischen und physischen Belastungen für sich und andere, auch präventiv, ergreifen		▸ Grundlage der gesetzlichen Unfallversicherung ▸ sach- und fachgerechte Anwendung von technischen Vorschriften und Betriebsanweisungen ▸ Präventionsmaßnahmen ▸ Präventionskultur in der betrieblichen Praxis ▸ betriebliche Maßnahmen der Gesundheitsförderung ▸ individuelle Belastungsgrenzen und Resilienz
e) ergonomische Arbeitsweisen beachten und anwenden		▸ Ergonomie am Arbeitsplatz, z. B.: • Lichtverhältnisse • Bewegung und Dehnung • Wechsel zwischen Sitzen und Stehen • Einstellungen an Arbeitsmitteln • Hilfsmittel wie Hebe- und Tragehilfen
f) Verhaltensweisen bei Unfällen beschreiben und erste Maßnahmen bei Unfällen einleiten		▸ Arten von Notfällen ▸ Erste-Hilfe-Maßnahmen und Ersthelfer/-innen ▸ Notruf- und Notfallnummern ▸ Unfallmeldung ▸ Meldekette ▸ Fluchtwege und Sammelplätze ▸ Evakuierungsmaßnahmen und Evakuierungshelfer/-innen ▸ Dokumentation ▸ Meldepflicht von Unfällen ▸ Durchgangsarztverfahren

Berufsbildpositionen/ Fertigkeiten, Kenntnisse und Fähigkeiten	zeitliche Zuordnung	Erläuterungen
g) betriebsbezogene Vorschriften des vorbeugenden Brandschutzes anwenden, Verhaltensweisen bei Bränden beschreiben und erste Maßnahmen zur Brandbekämpfung ergreifen		▸ Bestimmungen für den Brand- und Explosionsschutz • Zündquellen und leicht entflammbare Stoffe • Verhaltensregeln im Brandfall (Brandschutzordnung) • Maßnahmen zur Brandbekämpfung • Fluchtwege und Sammelplätze ▸ automatische Löscheinrichtungen ▸ Einsatzbereiche, Wirkungsweise und Standorte von Löschmitteln
3 Umweltschutz und Nachhaltigkeit (§ 4 Absatz 3 Nummer 3)		
a) Möglichkeiten zur Vermeidung betriebsbedingter Belastungen für Umwelt und Gesellschaft im eigenen Aufgabenbereich erkennen und zu deren Weiterentwicklung beitragen	**während der gesamten Ausbildung**	▸ Ressourcenintensität und soziale Bedeutung von Geschäfts- und Arbeitsprozessen bzw. Wertschöpfungsketten ▸ Analyse von Verbrauchsdaten ▸ Wahrnehmung und Vermeidung oder Verringerung von Belastungen, z. B.: • Lärm • Abluft, Abwasser, Abfälle • Gefahrstoffe ▸ rationelle Energie- und Ressourcenverwendung, z. B.: • Gerätelaufzeiten • Wartung • Lebensdauer von Produkten • Umgang mit Speicher- und Printmedien ▸ Abfallvermeidung und -trennung ▸ Wiederverwertung, z. B.: • Wertstoffe • Recycling • Reparatur • Wiederverwendung ▸ Sensibilität für Umweltbelastungen auch in angrenzenden Arbeitsbereichen
b) bei Arbeitsprozessen und im Hinblick auf Produkte, Waren oder Dienstleistungen Materialien und Energie unter wirtschaftlichen, umweltverträglichen und sozialen Gesichtspunkten der Nachhaltigkeit nutzen		▸ Herkunft und Herstellung ▸ Transportwege ▸ Lebensdauer und langfristige Nutzbarkeit ▸ ökologischer und sozialer Fußabdruck von Produkten und Dienstleistungen bzw. von Wertschöpfungsprozessen ▸ Prüfsiegel und Zertifikate, z. B.: • fairer Handel • Regionalität • ökologische Erzeugung
c) für den Ausbildungsbetrieb geltende Regelungen des Umweltschutzes einhalten		▸ anlagen-, umweltmedien- und stoffbezogene Schutzgesetze, z. B.: • Immissionsschutzgesetz mit Arbeitsplatzgrenzwerten • Wasserrecht • Bodenschutzrecht • Abfallrecht • Chemikalienrecht ▸ weitere Regelungen, z. B.: • Recyclingvorschriften • betriebliche Selbstverpflichtung ▸ Risiken und Sanktionen bei Übertretung

Berufsbildpositionen/ Fertigkeiten, Kenntnisse und Fähigkeiten	zeitliche Zuordnung	Erläuterungen
d) Abfälle vermeiden sowie Stoffe und Materialien einer umweltschonenden Wiederverwertung oder Entsorgung zuführen	während der gesamten Ausbildung	▶ vorausschauende Planung von Abläufen ▶ Substitution von Stoffen und Materialien ▶ Recycling und Kreislaufwirtschaft ▶ bestimmungsgemäße Entsorgung von Stoffen ▶ Erfassung, Lagerung und Entsorgung betriebsspezifischer Abfälle ▶ Rechtsfolgen bei Nichteinhaltung
e) Vorschläge für nachhaltiges Handeln für den eigenen Arbeitsbereich entwickeln		▶ Zielkonflikte und Zusammenhänge zwischen ökonomischen, ökologischen und sozialen Anforderungen ▶ Optimierungsansätze und Handlungsalternativen unter Berücksichtigung von ökologischer Effektivität und Effizienz ▶ Vor- und Nachteile von Optimierungsansätzen und Handlungsalternativen ▶ Wirksamkeit von Maßnahmen ▶ Wertschätzung innovativer Ideen
f) unter Einhaltung betrieblicher Regelungen im Sinne einer ökonomischen, ökologischen und sozial nachhaltigen Entwicklung zusammenarbeiten und adressatengerecht kommunizieren		▶ Aufbereitung von Informationen und Aufbau einer Nachricht ▶ betriebliches Umweltmanagement ▶ Aufbau und Pflege von Kooperationsbeziehungen ▶ vernetztes ressourcensparendes Zusammenarbeiten ▶ abgestimmtes Vorgehen ▶ Nachhaltigkeit und Umweltschutz als Wettbewerbsvorteil
4 digitalisierte Arbeitswelt (§ 4 Absatz 3 Nummer 4)		
a) mit eigenen und betriebsbezogenen Daten sowie mit Daten Dritter umgehen und dabei die Vorschriften zum Datenschutz und zur Datensicherheit einhalten	während der gesamten Ausbildung	▶ Unterscheidung von Datenschutz und Datensicherheit ▶ Datenschutzgrundverordnung (DSGVO), betriebliche Regelungen ▶ Funktion von Datenschutzbeauftragten ▶ Relevanz von Datenschutz und Datensicherheit in betrieblichen Arbeitsabläufen
b) Risiken bei der Nutzung von digitalen Medien und informationstechnischen Systemen einschätzen und bei deren Nutzung betriebliche Regelungen einhalten		▶ Urheberrecht und verwandte Schutzrechte ▶ betriebliches Zugriffschutzkonzept und Zugriffsberechtigungen ▶ Gefahren von Anhängen, Links und Downloads ▶ betriebliche Routinen zum sicheren Umgang mit digitalen Medien und IT-Systemen ▶ Umgang mit Auffälligkeiten im Bereich Datenschutz und Datensicherheit ▶ Unregelmäßigkeiten bei der Nutzung digitaler Medien und von IT-Systemen ▶ betriebliche und allgemeine Ansprechpartner/-innen sowie Informationsstellen zu Datenschutz und Datensicherheit
c) ressourcenschonend, adressatengerecht und effizient kommunizieren sowie Kommunikationsergebnisse dokumentieren		▶ analoge und digitale Formen der Kommunikation und deren Vor- und Nachteile ▶ Aufbau, Phasen und Planung eines Gespräches ▶ verbale und nonverbale Kommunikation ▶ Techniken der Gesprächsführung ▶ Reflexion des eigenen Kommunikationsverhaltens ▶ Qualität einer Dokumentation, z. B.: • Adressatenbezug • Aktualität • Barrierefreiheit • Richtigkeit • Vollständigkeit

Berufsbildpositionen/ Fertigkeiten, Kenntnisse und Fähigkeiten	zeitliche Zuordnung	Erläuterungen
d) Störungen in Kommunikationsprozessen erkennen und zu ihrer Lösung beitragen		▸ Merkmale und Ursachen ▸ Analyse von Kommunikationsstörungen ▸ Präventions- und Lösungsstrategien ▸ Kompromiss, Konsens und Kooperation
e) Informationen in digitalen Netzen recherchieren und aus digitalen Netzen beschaffen sowie Informationen, auch fremde, prüfen, bewerten und auswählen		▸ Suchstrategien und Suchanfragen, z. B.: • Unterschiede von Suchmaschinen und Fachdatenbanken • zentrale Suchbegriffe für Recherchefragen • Präzisierung von Fragen unter Nutzung der Funktion von Suchmaschinen • Güte- und Inklusionskriterien von Quellen • Bewertung von Informationen und deren Herkunft ▸ systematische Speicherung von Informationen und Fundorten anhand von Gütekriterien, z. B.: • Konsistenz • Nachvollziehbarkeit • Ordnungsansätze • Redundanzvermeidung • Übersichtlichkeit • Zugänglichkeit ▸ Wissens- und Informationsmanagement
f) Lern- und Arbeitstechniken sowie Methoden des selbstgesteuerten Lernens anwenden, digitale Lernmedien nutzen und Erfordernisse des lebensbegleitenden Lernens erkennen und ableiten	**während der gesamten Ausbildung**	▸ formale, non-formale und informelle Lernprozesse ▸ Lernen in unterschiedlichen Lebensphasen ▸ Voraussetzungen und Qualitätskriterien für selbstgesteuertes Lernen ▸ Eignung und Einsatz von digitalen Medien ▸ Lern- und Arbeitstechniken
g) Aufgaben zusammen mit Beteiligten, einschließlich der Beteiligten anderer Arbeits- und Geschäftsbereiche, auch unter Nutzung digitaler Medien, planen, bearbeiten und gestalten		▸ Rollen, Kompetenzen und Interessen von Beteiligten ▸ Identifikation des geeigneten Kommunikationsmittels unter Beachtung verschiedener Methoden ▸ Prüfung im Team von Anforderungen mit Rollen- und Aufgabenverteilung ▸ technische, organisatorische, ökonomische Rahmenbedingungen ▸ abgestimmte Projekt-, Zeit- und Aufgabenpläne ▸ zielorientiertes Kommunizieren, beispielsweise auf Basis der SMART-Regel ▸ systematischer Austausch von Informationen zur Aufgabenerfüllung ▸ Entwicklung und Pflege von Kooperationsbeziehungen
h) Wertschätzung anderer unter Berücksichtigung gesellschaftlicher Vielfalt praktizieren		▸ Einfühlungsvermögen ▸ respektvoller Umgang ▸ Sachlichkeit ▸ Dimensionen von Vielfalt in der Arbeitswelt, z. B.: • Alter • Behinderung • Geschlecht und geschlechtliche Identität • ethnische Herkunft und Nationalität • Religion und Weltanschauung • sexuelle Orientierung und Identität

2.2 Betrieblicher Ausbildungsplan

Auf der Grundlage des Ausbildungsrahmenplans erstellt der Betrieb für die Auszubildenden einen betrieblichen Ausbildungsplan, der mit der Verordnung ausgehändigt und erläutert wird. Er ist Anlage zum Ausbildungsvertrag und wird zu Beginn der Ausbildung bei der zuständigen Stelle hinterlegt. Wie der betriebliche Ausbildungsplan auszusehen hat, ist gesetzlich nicht vorgeschrieben. Er sollte pädagogisch sinnvoll aufgebaut sein und den geplanten Verlauf der Ausbildung sachlich und zeitlich belegen. Zu berücksichtigen ist u. a. auch, welche Abteilungen für welche Lernziele verantwortlich sind, wann und wie lange die Auszubildenden an welcher Stelle bleiben.
Der betriebliche Ausbildungsplan sollte nach folgenden Schritten erstellt werden:

- Bilden von betrieblichen Ausbildungsabschnitten,
- Zuordnen der Fertigkeiten, Kenntnisse und Fähigkeiten zu diesen Ausbildungsabschnitten,
- Festlegen der Ausbildungsorte und der verantwortlichen Mitarbeiter/-innen,
- Festlegen der Reihenfolge der Ausbildungsorte und der tatsächlichen betrieblichen Ausbildungszeit,
- falls erforderlich, Abstimmung mit Verbundpartnern.

Weiterhin sind bei der Aufstellung des betrieblichen Ausbildungsplans zu berücksichtigen:

- persönliche Voraussetzungen der Auszubildenden (z. B. unterschiedliche Vorbildung),
- Gegebenheiten des Ausbildungsbetriebes (z. B. Betriebsstrukturen, personelle und technische Einrichtungen, regionale Besonderheiten),
- Durchführung der Ausbildung (z. B. Ausbildungsmaßnahmen außerhalb der Ausbildungsstätte, Berufsschulunterricht, Planung und Bereitstellung von Ausbildungsmitteln, Erarbeiten von methodischen Hinweisen zur Durchführung der Ausbildung).

Ausbildungsbetriebe erleichtern sich die Erstellung individueller betrieblicher Ausbildungspläne, wenn detaillierte Listen mit betrieblichen Arbeitsaufgaben erstellt werden, die zur Vermittlung der Fertigkeiten, Kenntnisse und Fähigkeiten der Ausbildungsordnung geeignet sind. Hierzu sind in den Erläuterungen zum Ausbildungsrahmenplan konkrete Anhaltspunkte zu finden.

2.3 Ausbildungsnachweis

Der Ausbildungsnachweis stellt ein wichtiges Instrument zur Information über das gesamte Ausbildungsgeschehen in Betrieb und Berufsschule dar und ist im Berufsbildungsgesetz (BBiG) geregelt. Die Auszubildenden sind verpflichtet, einen schriftlichen oder elektronischen Ausbildungsnachweis zu führen. Die Form des Ausbildungsnachweises wird im Ausbildungsvertrag festgehalten.
Nach der Empfehlung Nr. 156 des Hauptausschusses des Bundesinstituts für Berufsbildung (BIBB) ist der Ausbildungsnachweis von Auszubildenden mindestens wöchentlich zu führen. Diese Empfehlung enthält auch Beispiele für onlinebasierte Anwendungen zum Führen von Ausbildungsnachweisen.

> **!** Die Vorlage eines von dem Ausbilder bzw. von der Ausbilderin und dem/der Auszubildenden unterzeichneten Ausbildungsnachweises ist gemäß § 43 Absatz 1 Nummer 2 des Berufsbildungsgesetzes/§ 36 Absatz 1 Nummer 2 der Handwerksordnung Zulassungsvoraussetzung zur Abschluss-/Gesellenprüfung.

Ausbilder/-innen sollen die Auszubildenden zum Führen des Ausbildungsnachweises anhalten. Sie müssen den Auszubildenden Gelegenheit geben, den Ausbildungsnachweis am Arbeitsplatz zu führen. In der Praxis hat es sich bewährt, dass die Ausbilder/-innen den Ausbildungsnachweis mindestens einmal im Monat prüfen, mit den Auszubildenden besprechen und den Nachweis abzeichnen.
Eine Bewertung der Ausbildungsnachweise nach Form und Inhalt ist im Rahmen der Prüfungen nicht vorgesehen.
Die schriftlichen oder elektronischen Ausbildungsnachweise sollen den zeitlichen und inhaltlichen Ablauf der Ausbildung für alle Beteiligten – Auszubildende, Ausbilder/-innen, Berufschullehrer/-innen, Mitglieder des Prüfungsausschusses und ggf. gesetzliche Vertreter/-innen der Auszubildenden – nachweisen. Die Ausbildungsnachweise sollten den Bezug der Ausbildung zum Ausbildungsrahmenplan deutlich erkennen lassen.
Grundsätzlich ist der Ausbildungsnachweis eine Dokumentation der Fertigkeiten, Kenntnisse und Fähigkeiten, die während der gesamten Ausbildungszeit vermittelt werden. In Verbindung mit dem betrieblichen Ausbildungsplan bietet der Ausbildungsnachweis eine optimale Möglichkeit, die Vollständigkeit der Ausbildung zu planen und zu überwachen. Er kann bei eventuellen Streitfällen als Beweismittel dienen.

Vorteile des elektronischen Ausbildungsnachweises

Seit Oktober 2017 kann der Ausbildungsnachweis elektronisch erstellt werden. Viele Auszubildende führen ihn bereits in einem Textverarbeitungsprogramm am Computer. Dieser am PC geschriebene Ausbildungsnachweis ist genaugenommen analog: Am Ende der Ausbildungszeit muss der Ausbildungsnachweis ausgedruckt und handschriftlich unterzeichnet werden.

> **!** Ob der Ausbildungsnachweis schriftlich oder elektronisch geführt wird, muss zu Beginn der Ausbildung im Ausbildungsvertrag vermerkt werden (§ 11 Abs. 1 Satz 2 Nr. 10 i. V. m. § 13 Nr. 7 BBiG).

Der elektronische Ausbildungsnachweis wird mittels einer speziellen Software geführt und bringt viele praktische Neuerungen mit sich. So ist hier z. B. eine elektronische Signatur möglich; der Ausbildungsnachweis wird dem Prüfungsausschuss elektronisch übermittelt – das Ausdrucken der Dateien wird also überflüssig.

Ausbildende können in der Software beispielsweise direkt auf die Ausbildungsnachweise aller Auszubildenden zugreifen oder bekommen diese von ihren Auszubildenden zugesandt. Besonders für Betriebe, die mehrere Auszubildende haben, ist diese Funktion sehr vorteilhaft. In den Online-Tätigkeitsnachweisen füllen die Auszubildenden in vorher festgelegten Intervallen (täglich oder wöchentlich) aus, welche Tätigkeiten sie pro Tag wie lange ausgeführt haben. So behalten die Ausbildenden einen guten Überblick über die einzelnen Einsatzbereiche ihrer Auszubildenden.

Verknüpfung zum Ausbildungsrahmenplan

Mit einem elektronischen Ausbildungsnachweis können Auszubildende und Ausbildende ganz einfach überwachen, wie intensiv die einzelnen Qualifikationen und Berufsbildpositionen des jeweiligen Ausbildungsrahmenplans im Betrieb vermittelt wurden. Einige Programme haben dafür spezielle Funktionen vorgesehen. So müssen Auszubildende beispielsweise jeder Beschäftigung ein Lernziel aus dem jeweiligen Ausbildungsrahmenplan zuordnen. Im Entwicklungsportfolio können Auszubildende und Ausbildende dann direkt einsehen, in welchem zeitlichen Umfang die entsprechenden Berufsbildpositionen im Betrieb vermittelt wurden, und somit auch überwachen, welche Inhalte möglicherweise zu kurz gekommen sind. Ausbildungslücken kann auf diese Weise gezielt entgegensteuert werden. Ist ein Ausbildungsbereich zu kurz gekommen, können Ausbildende im Feedbackgespräch mit den Auszubildenden schnell herausfinden, ob der Betrieb versäumt hat, die Auszubildenden in dem entsprechenden Bereich einzusetzen, oder ob die Auszubildenden die Tätigkeiten im Ausbildungsnachweis versehentlich unter einem anderen Lernziel eingeordnet haben.

Beispielhafter Ausbildungsnachweis mit Bezug zum Ausbildungsrahmenplan (täglich)

Name des/der Auszubildenden: Hanna Mustermann			
Ausbildungsjahr: 2		ggf. ausbildende Abteilung:	
Ausbildungswoche:	vom: xx.xx.xxxx	bis: xx.xx.xxxx	

	Betriebliche Tätigkeiten, Unterweisungen, betrieblicher Unterricht, sonstige Schulungen, Themen des Berufsschulunterrichts	**Stunden**
Montag	90°-Prisma: Bezugs- und Stirnfläche E mittelläppen auf 1-2 µm hohl; grobläppen der Stirnfläche F mit Schmirgel F220 auf das Maß 40,2 mm und Parallelität von 0,05 mm; anschließend mittelläppen auf das Maß 40 mm, um eine Oberfläche, welche frei von Poren ist, herzustellen. Parallelität 0,02 mm.	2,5
	Mittelläppen der Flächen A und B, welche 90° zu der Bezugsfläche E stehen.	1,0
	Läppen der Hypotenuse C bis Rq 0,6; dabei auf die Maßkette achten, damit keine Poren aus den vorangegangenen Schritten auf der Fläche sind.	3,25
	Aufräumen der Lehrwerkstatt	0,25
Dienstag	Unterweisung: Plan-Pechschale drücken mit HW-Pech. UVV einhalten und PSA tragen.	0,75
	Herstellen einer Plan-Pechschale mithilfe eines Drückkörpers und Einpolieren mit einem Einpolierglas (1 µm hohl).	1,5
	90°-Prisma: Polieren der Hypotenuse auf Pech. Oberfläche an einer Laminarbox mithilfe von einer 6x-Lupe und Hammerlampe auf Oberflächenunvollkommenheiten kontrollieren. Oberflächenform an einem Planinterferometer prüfen. Toleranzen: 3/2 (0,4/-); 5/2 x 0,16	4,5
	Aufräumen der Lehrwerkstatt	0,25
Mittwoch	Unterricht zum Thema Arbeitsplanung und Dokumentation	1,0
	Schreiben eines Arbeitsplans zu einem komplexen Prisma, Durchführen von Aufmaßberechnungen, Schreiben eines Prüfprotokolls.	2,0
	Durchführen von Eingangsmessungen an Rohmaterial; 1. Fläche (Stirnfläche) mit Plakor 12 mittelschliff auf 0-2µm hohl laut Zeichnung; 2. Stirnfläche auf Maß 40,3 mm & // 0,05 mm grobläppen mit F220, anschließend mittelläppen mit Plakor 12 auf Endmaß 40 ± 0,1 mm // 0,02 mm; Maße gemessen mit Messuhr, welche mit Endmaßen eingestellt wurde.	3,75
	Aufräumen der Lehrwerkstatt	0,25
Donnerstag	Einführung in die Speed-Politur an der CNC-Maschine und Sicherheitsunterweisung. Poliermittelträger: PU-Folie, Poliermittel: Opaline mit Dichte 1,03 g/cm3; Erklärung der unterschiedlichen Parameter, z. B. Polierdruck, Oszillation, Polierdistanz.	2,0
	Polieren einer planparallelen Platte und Prüfen der Oberflächenformtoleranz am Planinterferometer.	4,75
	Aufräumen der Lehrwerkstatt	0,25
Freitag	Polieren der planparallelen Platte auf Pech, um die geforderte Oberflächenformtoleranz von einem Ring und Regelmäßigkeit von 0,4 zu erhalten. Kontrolle auf Unvollkommenheiten an der Laminarbox mit 6x-Lupe und Hammerlampe.	6,75
	Aufräumen der Lehrwerkstatt	0,25

Durch die nachfolgende Unterschrift werden die Richtigkeit und Vollständigkeit der obigen Angaben bestätigt.

Datum, Unterschrift
Auszubildender/Auszubildende

Datum, Unterschrift
Ausbilder/-in

ZUSATZMATERIALIEN ZUM DOWNLOAD

2.4 Hilfen zur Durchführung der Ausbildung

2.4.1 Didaktische Prinzipien der Ausbildung

Als Grundlage für die Konzeption von handlungsorientierten Ausbildungsaufgaben bietet sich das Modell der vollständigen Handlung an. Es kommt ursprünglich aus der Arbeitswissenschaft und ist von dort als Lernkonzept in die betriebliche Ausbildung übertragen worden. Nach diesem Modell konstruierte Lern- und Arbeitsaufgaben fördern bei den Auszubildenden die Fähigkeit, selbstständig, selbstkritisch und eigenverantwortlich die im Betrieb anfallenden Arbeitsaufträge zu erledigen.
Bei der Gestaltung handlungsorientierter Ausbildungsaufgaben sind folgende didaktische Überlegungen und Prinzipien zu berücksichtigen:

- vom Leichten zum Schweren,
- vom Einfachen zum Zusammengesetzten,
- vom Nahen zum Entfernten,
- vom Allgemeinen zum Speziellen,
- vom Konkreten zum Abstrakten.

Didaktische Prinzipien, deren Anwendung die Erfolgssicherung wesentlich fördern, sind u. a.:

- Prinzip der **Fasslichkeit des Lernstoffs**
  Der Lernstoff sollte für die Auszubildenden verständlich präsentiert werden, um die Motivation zu erhalten. Zu berücksichtigen sind dabei z. B. Vorkenntnisse, Fähigkeiten und Fertigkeiten sowie Lernschwierigkeiten der Auszubildenden.
- Prinzip der **Anschauung**
  Durch die Vermittlung konkreter Vorstellungen prägt sich der Lernstoff besser ein:
  Anschauung = Fundament der Erkenntnis (Pestalozzi).
- Prinzip der **Praxisnähe**
  Theoretische und abstrakte Inhalte sollten immer einen Praxisbezug haben, um verständlich und einprägsam zu sein.
- Prinzip der **selbstständigen Arbeit**
  Ziel der Ausbildung sind selbstständig arbeitende, verantwortungsbewusste, kritisch und zielstrebig handelnde Mitarbeiter/-innen. Dies kann nur durch entsprechende Ausbildungsmethoden erreicht werden.

Das **Modell der vollständigen Handlung** besteht aus sechs Schritten, die aufeinander aufbauen und die eine stetige Rückkopplung ermöglichen.

Informieren: Die Auszubildenden erhalten eine Lern- bzw. Arbeitsaufgabe. Um die Aufgabe zu lösen, müssen sie sich selbstständig die notwendigen Informationen beschaffen.

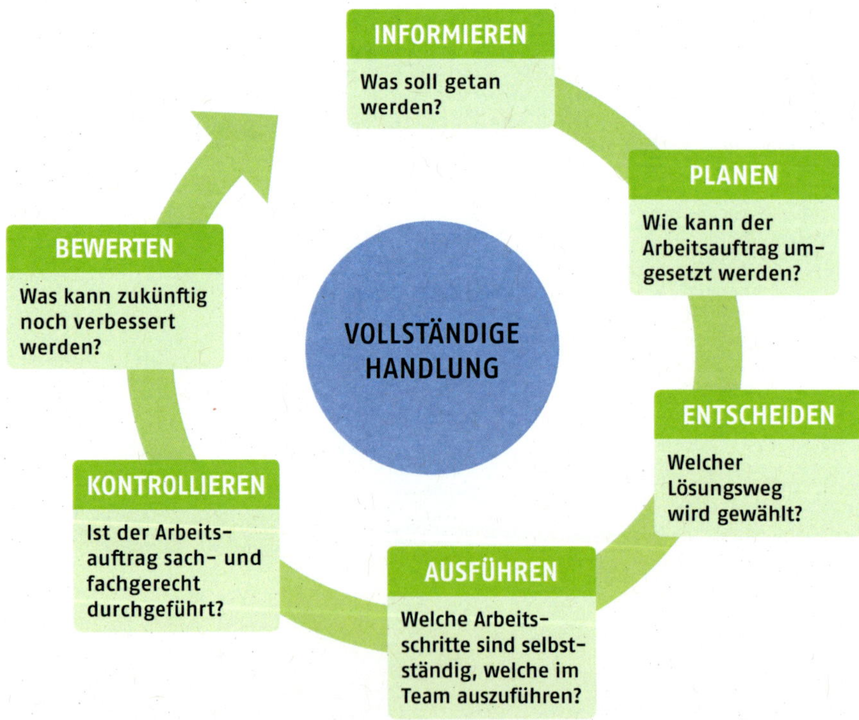

Abbildung 13: Modell der vollständigen Handlung (Quelle: BIBB)

Planen: Die Auszubildenden erstellen einen Arbeitsablauf für die Durchführung der gestellten Lern- bzw. Arbeitsaufgabe.

Entscheiden: Auf der Grundlage der Planung wird in der Regel mit dem Ausbilder bzw. der Ausbilderin ein Fachgespräch geführt, in dem der Arbeitsablauf geprüft und entschieden wird, wie die Aufgabe umzusetzen ist.

Ausführen: Die Auszubildenden führen die in der Arbeitsplanung erarbeiteten Schritte selbstständig aus.

Kontrollieren: Die Auszubildenden überprüfen selbstkritisch die Erledigung der Lern- bzw. Arbeitsaufgabe (Soll-Ist-Vergleich).

Bewerten: Die Auszubildenden reflektieren den Lösungsweg und das Ergebnis der Lern- bzw. Arbeitsaufgabe.

Je nach Wissensstand der Auszubildenden erfolgt bei den einzelnen Schritten eine Unterstützung durch die Ausbilder/-innen. Die Lern- bzw. Arbeitsaufgaben können auch so konzipiert sein, dass sie von mehreren Auszubildenden erledigt werden können. Das fördert den Teamgeist und die betriebliche Zusammenarbeit.

2.4.2 Handlungsorientierte Ausbildungsmethoden

Mit der Vermittlung der Inhalte des neuen Ausbildungsberufs werden Ausbilder/-innen didaktisch und methodisch immer wieder vor neue Aufgaben gestellt. Sie nehmen verstärkt die Rolle einer beratenden Person ein, um die Auszubildenden zu befähigen, im Laufe der Ausbildung immer mehr Verantwortung zu übernehmen und selbstständiger zu lernen und zu handeln. Dazu sind aktive, situationsbezogene Ausbildungsmethoden (Lehr- und Lernmethoden) erforderlich, die Wissen nicht einfach mit dem Ziel einer „Eins-zu-eins-Reproduktion“ vermitteln, sondern eine selbstgesteuerte Aneignung ermöglichen. Ausbildungsmethoden sind das Werkzeug von Ausbildern und Ausbilderinnen. Sie versetzen die Auszubildenden in die Lage, Aufgaben im betrieblichen Alltag selbstständig zu erfassen, eigenständig zu erledigen und zu kontrollieren sowie ihr Vorgehen selbstkritisch zu reflektieren. Berufliche Handlungskompetenz lässt sich nur durch Handeln in und an berufstypischen Aufgaben erwerben.
Für die Erlangung der beruflichen Handlungsfähigkeit sind Methoden gefragt, die folgende Grundsätze besonders beachten:

- **Lernen für Handeln:** Es wird für das berufliche Handeln gelernt, das bedeutet Lernen an berufstypischen Aufgabenstellungen und Aufträgen.
- **Lernen durch Handeln:** Ausgangspunkt für ein aktives Lernen ist das eigene Handeln, es müssen also eigene Handlungen ermöglicht werden, mindestens muss aber eine Handlung gedanklich nachvollzogen werden können.
- **Erfahrungen ermöglichen:** Handlungen müssen die Erfahrungen der Auszubildenden einbeziehen sowie eigene Erfahrungen ermöglichen und damit die Reflexion des eigenen Handelns fördern.
- **Ganzheitliches nachhaltiges Handeln:** Handlungen sollen ein ganzheitliches Erfassen der beruflichen und damit der berufstypischen Arbeits- und Geschäftsprozesse ermöglichen, dabei sind ökonomische, rechtliche, ökologische und soziale Aspekte einzubeziehen.
- **Handeln im Team:** Beruflich gehandelt wird insbesondere in Arbeitsgruppen, Teams oder Projektgruppen. Handlungen sind daher in soziale Prozesse eingebettet, z. B. in Form von Interessengegensätzen oder handfesten Konflikten. Um soziale Kompetenzen entwickeln zu können, sollten Auszubildende in solche Gruppen aktiv eingebunden werden.
- **Vollständige Handlungen:** Handlungen müssen durch die Auszubildenden weitgehend selbstständig geplant, durchgeführt, überprüft, ggf. korrigiert und schließlich bewertet werden.

Es existiert ein großer Methodenpool von klassischen und handlungsorientierten Methoden sowie von Mischformen, die für Einzel-, Partner- oder Gruppenarbeiten einsetzbar sind. Im Hinblick auf die zur Auswahl stehenden Ausbildungsmethoden sollten die Ausbilder/-innen sich folgende Fragen beantworten:

- Welchem Ablauf folgt die Ausbildungsmethode und für welche Art der Vermittlung ist sie geeignet (z. B. Gruppen-, Team-, Einzelarbeit)?
- Welche konkreten Ausbildungsinhalte des Berufs können mit der gewählten Ausbildungsmethode erarbeitet werden?
- Welche Aufgaben übernehmen Auszubildende, welche Ausbildende?
- Welche Vor- und Nachteile hat die jeweilige Ausbildungsmethode?

2.4.3 Checklisten

Planung der Ausbildung

Anerkennung als Ausbildungsbetrieb	▸ Ist der Betrieb von der zuständigen Stelle (Kammer) als Ausbildungsbetrieb anerkannt?
Rechtliche Voraussetzungen	▸ Sind die rechtlichen Voraussetzungen für eine Ausbildung vorhanden, d. h., ist die persönliche und fachliche Eignung nach §§ 28 und 30 BBiG gegeben?
Ausbildereignung	▸ Hat die ausbildende Person oder eine von ihr bestimmter Ausbilder bzw. eine von ihr bestimmte Ausbilderin die erforderliche Ausbildereignung erworben?
Ausbildungsplätze	▸ Sind geeignete betriebliche Ausbildungsplätze vorhanden?
Ausbilder und Ausbilderinnen	▸ Sind neben den verantwortlichen Ausbildern und Ausbilderinnen ausreichend Fachkräfte in den einzelnen Ausbildungsorten und -bereichen für die Unterweisung der Auszubildenden vorhanden? ▸ Ist der zuständigen Stelle eine für die Ausbildung verantwortliche Person genannt worden?
Vermittlung der Fertigkeiten, Kenntnisse und Fähigkeiten	▸ Ist der Betrieb in der Lage, alle fachlichen Inhalte der Ausbildungsordnung zu vermitteln? Sind dafür alle erforderlichen Ausbildungsorte und –bereiche vorhanden? Kann oder muss auf zusätzliche Ausbildungsmaßnahmen außerhalb der Ausbildungsstätte (überbetriebliche Ausbildungsorte, Verbundbetriebe) zurückgegriffen werden?
Werbung um Auszubildende	▸ Welche Aktionen müssen gestartet werden, um das Unternehmen für Interessierte als attraktiven Ausbildungsbetrieb zu präsentieren (z. B. Kontakt zur zuständigen Arbeitsagentur aufnehmen, Anzeigen in Tageszeitungen oder Jugendzeitschriften schalten, Betrieb auf Berufsorientierungsmessen präsentieren, Betriebspraktika anbieten)?
Berufsorientierung	▸ Gibt es im Betrieb die Möglichkeit, ein Schülerpraktikum anzubieten und zu betreuen? ▸ Welche Schulen würden sich als Kooperationspartner eignen?
Auswahlverfahren	▸ Sind konkrete Auswahlverfahren (Einstellungstests) sowie Auswahlkriterien für Auszubildende festgelegt worden?
Klare Kommunikation mit Bewerbern und Bewerberinnen	▸ Eingangsbestätigung nach Eingang der Bewerbungen versenden?
Vorstellungsgespräch	▸ Wurde festgelegt, wer die Vorstellungsgespräche mit den Bewerbern und Bewerberinnen führt und wer über die Einstellung (mit-)entscheidet?
Gesundheitsuntersuchung	▸ Ist die gesundheitliche und körperliche Eignung der Auszubildenden vor Abschluss des Ausbildungsvertrages festgestellt worden (Jugendarbeitsschutzgesetz)?
Sozialversicherungs- und Steuerunterlagen	▸ Liegen die Unterlagen zur steuerlichen Veranlagung und zur Sozialversicherung vor (ggf. Aufenthalts- und Arbeitserlaubnis)?
Ausbildungsvertrag, betrieblicher Ausbildungsplan	▸ Ist der Ausbildungsvertrag formuliert und von der ausbildenden Person und den Auszubildenden (ggf. gesetzl. Vertreter/-in) unterschrieben? ▸ Ist ein individueller betrieblicher Ausbildungsplan erstellt? ▸ Ist den Auszubildenden sowie der zuständigen Stelle (Kammer) der abgeschlossene Ausbildungsvertrag einschließlich des betrieblichen Ausbildungsplans zugestellt worden?
Berufsschule	▸ Sind die Auszubildenden bei der Berufsschule angemeldet worden?
Ausbildungsunterlagen	▸ Stehen Ausbildungsordnung, Ausbildungsrahmenplan, ggf. Rahmenlehrplan sowie ein Exemplar des Berufsbildungsgesetzes und des Jugendarbeitsschutzgesetzes im Betrieb zur Verfügung?

Die ersten Tage der Ausbildung

Planung	▸ Sind die ersten Tage strukturiert und geplant?
Zuständige Mitarbeiter/-innen	▸ Sind alle zuständigen Mitarbeiter/-innen informiert, dass neue Auszubildende in den Betrieb kommen?
Aktionen, Räumlichkeiten	▸ Welche Aktionen sind geplant? Beispiele: Vorstellung des Betriebs, seiner Organisation und inneren Struktur, der für die Ausbildung verantwortlichen Personen, ggf. eine Betriebsrallye durchführen. ▸ Kennenlernen der Sozialräume
Rechte und Pflichten	▸ Welche Rechte und Pflichten ergeben sich für Auszubildende wie für Ausbildende und Betrieb aus dem Ausbildungsvertrag?
Unterlagen	▸ Liegen die Unterlagen zur steuerlichen Veranlagung und zur Sozialversicherung vor?
Anwesenheit/Abwesenheit	▸ Was ist im Verhinderungs- und Krankheitsfall zu beachten? ▸ Wurden die betrieblichen Urlaubsregelungen erläutert?
Probezeit	▸ Wurde die Bedeutung der Probezeit erläutert?
Finanzielle Leistungen	▸ Wurde die Ausbildungsvergütung und ggf. betriebliche Zusatzleistungen erläutert?
Arbeitssicherheit	▸ Welche Regelungen zur Arbeitssicherheit und zur Unfallverhütung gelten im Unternehmen? ▸ Wurde die Arbeitskleidung bzw. Schutzkleidung übergeben? ▸ Wurde auf die größten Unfallgefahren im Betrieb hingewiesen?
Arbeitsmittel	▸ Welche speziellen Arbeitsmittel stehen für die Ausbildung zu Verfügung?
Arbeitszeit	▸ Welche Arbeitszeitregelungen gelten für die Auszubildenden?
Betrieblicher Ausbildungsplan	▸ Wurde der betriebliche Ausbildungsplan erläutert?
Ausbildungsnachweis	▸ Wie sind die schriftlichen bzw. elektronischen Ausbildungsnachweise zu führen (Form, zeitliche Abschnitte: Woche, Monat)? ▸ Wurde die Bedeutung der Ausbildungsnachweise für die Prüfungszulassung erläutert?
Berufsschule	▸ Welche Berufsschule ist zuständig? ▸ Wo liegt sie und wie kommt man dorthin?
Prüfungen	▸ Wurde die Prüfungsform erklärt und auf die Prüfungszeitpunkte hingewiesen?

Platz für eigene Notizen

Pflichten des ausbildenden Betriebes bzw. des Ausbilders/der Ausbilderin

Vermittlung der Fertigkeiten, Kenntnisse und Fähigkeiten	▸ Vermittlung von sämtlichen im Ausbildungsrahmenplan vorgeschriebenen Fertigkeiten, Kenntnissen und Fähigkeiten
Wer bildet aus?	▸ Selbst ausbilden oder einen/eine persönlich und fachlich geeigneten/geeignete Ausbilder/-in ausdrücklich damit beauftragen
Rechtliche Rahmenbedingungen	▸ Beachten der rechtlichen Rahmenbedingungen, z. B. Berufsbildungsgesetz, Jugendarbeitsschutzgesetz, Arbeitszeitgesetz, Betriebsvereinbarungen und Ausbildungsvertrag sowie der Bestimmungen zu Arbeitssicherheit und Unfallverhütung
Abschluss Ausbildungsvertrag	▸ Abschluss eines Ausbildungsvertrages mit den Auszubildenden, Eintragung in das Verzeichnis der Ausbildungsverhältnisse bei der zuständigen Stelle (Kammer)
Freistellen der Auszubildenden	▸ Freistellen für Berufsschule, angeordnete überbetriebliche Ausbildungsmaßnahmen sowie für Prüfungen
Ausbildungsvergütung	▸ Zahlen einer Ausbildungsvergütung, Beachten der tarifvertraglichen Vereinbarungen
Ausbildungsplan	▸ Umsetzen von Ausbildungsordnung und Ausbildungsrahmenplan sowie sachlicher und zeitlicher Gliederung in die betriebliche Praxis, vor allem durch Erstellen von betrieblichen Ausbildungsplänen
Ausbildungsarbeitsplatz, Ausbildungsmittel	▸ Gestaltung eines „Ausbildungsarbeitsplatzes" entsprechend den Ausbildungsinhalten ▸ Kostenlose Zurverfügungstellung aller notwendigen Ausbildungsmittel, auch zur Ablegung der Prüfungen
Ausbildungsnachweis	▸ Form des Ausbildungsnachweises (schriftlich oder elektronisch) im Ausbildungsvertrag festlegen ▸ Vordrucke für schriftliche Ausbildungsnachweise bzw. Downloadlink den Auszubildenden zur Verfügung stellen ▸ Die Auszubildenden zum Führen der Ausbildungsnachweise anhalten und diese regelmäßig kontrollieren ▸ Den Auszubildenden Gelegenheit geben, den Ausbildungsnachweis am Arbeitsplatz zu führen
Übertragung von Tätigkeiten	▸ Ausschließliche Übertragung von Tätigkeiten, die dem Ausbildungszweck dienen
Charakterliche Förderung	▸ Charakterliche Förderung, Bewahrung vor sittlichen und körperlichen Gefährdungen, Wahrnehmen der Aufsichtspflicht
Zeugnis	▸ Ausstellen eines Ausbildungszeugnisses am Ende der Ausbildung

Platz für eigene Notizen

Pflichten der Auszubildenden

Sorgfalt	▸ Sorgfältige Ausführung der im Rahmen der Berufsausbildung übertragenen Verrichtungen und Aufgaben
Aneignung von Fertigkeiten, Kenntnissen und Fähigkeiten	▸ Aktives Aneignen aller Fertigkeiten, Kenntnisse und Fähigkeiten, die notwendig sind, um die Ausbildung erfolgreich abzuschließen
Weisungen	▸ Weisungen folgen, die den Auszubildenden im Rahmen der Berufsausbildung von Ausbildern bzw. Ausbilderinnen oder anderen weisungsberechtigten Personen erteilt werden, soweit diese Personen als weisungsberechtigt bekannt gemacht worden sind
Anwesenheit	▸ Anwesenheitspflicht ▸ Nachweispflicht bei Abwesenheit
Berufsschule, überbetriebliche Ausbildungsmaßnahmen	▸ Teilnahme am Berufsschulunterricht sowie an Ausbildungsmaßnahmen außerhalb der Ausbildungsstätte
Betriebliche Ordnung	▸ Beachten der betrieblichen Ordnung, pflegliche Behandlung aller Arbeitsmittel und Einrichtungen
Geschäftsgeheimnisse	▸ Über Betriebs- und Geschäftsgeheimnisse Stillschweigen bewahren
Ausbildungsnachweis	▸ Führen und regelmäßiges Vorlegen der schriftlichen bzw. elektronischen Ausbildungsnachweise
Prüfungen	▸ Ablegen aller Prüfungsteile

Platz für eigene Notizen

2.5 Nachhaltige Entwicklung in der Berufsausbildung

Was ist nachhaltige Entwicklung?

Der 2012 ins Leben gerufene Rat für Nachhaltige Entwicklung definiert sie folgendermaßen: „Nachhaltige Entwicklung heißt, Umweltgesichtspunkte gleichberechtigt mit sozialen und wirtschaftlichen Gesichtspunkten zu berücksichtigen. Zukunftsfähig wirtschaften bedeutet also: Wir müssen unseren Kindern und Enkelkindern ein intaktes ökologisches, soziales und ökonomisches Gefüge hinterlassen. Das eine ist ohne das andere nicht zu haben."

Bildung für nachhaltige Entwicklung (BNE)

Gemeint ist eine Bildung, die Menschen zu zukunftsfähigem Denken und Handeln befähigt: Wie beeinflussen meine Entscheidungen Menschen nachfolgender Generationen oder in anderen Erdteilen? Welche Auswirkungen hat es beispielsweise, wie ich konsumiere, welche Fortbewegungsmittel ich nutze oder welche und wie viel Energie ich verbrauche? Welche globalen Mechanismen führen zu Konflikten, Terror und Flucht? Bildung für nachhaltige Entwicklung ermöglicht es jedem Einzelnen, die Auswirkungen des eigenen Handelns auf die Welt zu verstehen und verantwortungsvolle Entscheidungen zu treffen.
Quelle: BNE-Portal [https://www.bne-portal.de]

Nachhaltige Entwicklung als Bildungsauftrag

Eine nachhaltige Entwicklung ist nur dann möglich, wenn sich viele Menschen auf diese Leitidee als Handlungsmaxime einlassen, sie mittragen und umsetzen helfen. Dafür Wissen und Motivation zu vermitteln, ist die Aufgabe einer Bildung für nachhaltige Entwicklung. Auch die Berufsausbildung kann ihren Beitrag dazu leisten, steht sie doch in einem unmittelbaren Zusammenhang mit dem beruflichen Handeln in der gesamten Wertschöpfungskette. In kaum einem anderen Bildungsbereich hat der Erwerb von Kompetenzen für nachhaltiges Handeln eine so große Auswirkung auf die Zukunftsfähigkeit wirtschaftlicher, technischer, sozialer und ökologischer Entwicklungen wie in den Betrieben der Wirtschaft und anderen Stätten beruflichen Handelns. Aufgabe der Berufsbildung ist es daher, die Menschen auf allen Ebenen zu befähigen, Verantwortung zu übernehmen, effizient mit Ressourcen umzugehen und nachhaltig zu wirtschaften sowie die Globalisierung gerecht und sozial verträglich zu gestalten. Dazu müssen Personen in die Lage versetzt werden, sich die ökologischen, sozialen und ökonomischen Bezüge ihres Handelns und sich daraus ergebende Spannungsfelder deutlich zu machen und abzuwägen.

Nachhaltige Entwicklung erweitert die beruflichen Fähigkeiten

Nachhaltige Entwicklung bietet auch Chancen für eine Qualitätssteigerung und Modernisierung der Berufsausbildung – sie muss in nachvollziehbaren praktischen Beispielen veranschaulicht werden.
Nachhaltige Entwicklung zielt auf Zukunftsgestaltung und erweitert damit das Spektrum der beruflichen Handlungskompetenz um die folgenden Aspekte:

- Reflexion und Bewertung der direkten und indirekten Wirkungen beruflichen Handelns auf die Umwelt sowie die Lebens- und Arbeitsbedingungen heutiger und zukünftiger Generationen,
- Prüfung des eigenen beruflichen Handelns, des Betriebes und seiner Produkte und Dienstleistungen auf Zukunftsfähigkeit,
- kompetente Mitgestaltung von Arbeit, Wirtschaft und Technik,
- Umsetzung von nachhaltigem Energie- und Ressourcenmanagement im beruflichen und alltäglichen Handeln auf der Grundlage von Wissen, Werteeinstellungen und Kompetenzen,
- Beteiligung am betrieblichen und gesellschaftlichen Dialog über nachhaltige Entwicklung.

Umsetzung in der Ausbildung

Berufsbildung für eine nachhaltige Entwicklung geht über das Instruktionslernen hinaus und muss Rahmenbedingungen schaffen, die den notwendigen Kompetenzerwerb fördern. Hierzu gehört es auch, Lernsituationen zu gestalten, die mit Widersprüchen zwischen ökologischen und ökonomischen Zielen konfrontieren und Anreize schaffen, Entscheidungen im Sinne einer nachhaltigen Entwicklung zu treffen bzw. vorzubereiten.
Folgende Leitfragen können bei der Berücksichtigung von Nachhaltigkeit in der Berufsausbildung zur Planung von Lernsituationen und zur Reflexion betrieblicher Arbeitsaufgaben herangezogen werden:

- Welche sozialen, ökologischen und ökonomischen Aspekte sind in der beruflichen Tätigkeit zu beachten?
- Welche lokalen, regionalen und globalen Auswirkungen bringen die hergestellten Produkte und erbrachten Dienstleistungen mit sich?
- Welche längerfristigen Folgen sind mit der Herstellung von Produkten und der Erbringung von Dienstleistungen verbunden?
- Wie können diese Produkte und Dienstleistungen nachhaltiger gestaltet werden?
- Welche Materialien und Energien werden in Arbeitsprozessen und den daraus folgenden Anwendungen verwendet?

- Wie können diese effizient und naturverträglich eingesetzt werden?
- Welche Produktlebenszyklen und Prozessketten sind bei der Herstellung von Produkten und der Erbringung von Dienstleistungen miteinzubeziehen und welche Gestaltungsmöglichkeiten sind im Rahmen der beruflichen Tätigkeit vorhanden?

2.6 Praxisbeispiel

Die nachfolgende Tätigkeitsbeschreibung ist ein Auszug aus einem Ausbildungsabschnitt und beschreibt die zu vermittelnden Lerninhalte. Grundsätzlich ist die Auflistung eine Checkliste der zu vermittelnden Lerninhalte nach den Berufsbildpositionen im Ausbildungsrahmenplan. Sie stellen die Mindestanforderung dar und können nach betrieblichen Bedingungen ergänzt werden. Weitere Informationen zum Ausbildungsrahmenplan finden sich in [▲ Kapitel 2.1.2 „Erläuterungen zum Ausbildungsrahmenplan"].
In diesen Ausbildungsabschnitt fließen folgende Berufsbildpositionen (BBP) bzw. Lernziele des Ausbildungsrahmenplans mit den jeweiligen Fertigkeiten, Kenntnissen und Fähigkeiten ein:

- berufsprofilgebende Fertigkeiten, Kenntnisse und Fähigkeiten (Abschnitt A): BBP 1 c, d, h, i, k und l; BBP 6 b, e, h und j; BBP 8 c; BBP 9 a, e, f und g; BBP 10 a, b, c, d, f und g sowie BBP 11 a und b
- integrativ zu vermittelnde Fertigkeiten, Kenntnisse und Fähigkeiten (Abschnitt B): BBP 2 und BBP 3

Herstellen eines optischen Bauteils

Beschreibung der Tätigkeit

Aus einem Rohglasblock (N-BK 7) wird ein gleichseitiger Würfel (Rohteil) für die spätere Weiterverarbeitung herausgearbeitet (getrennt). Bei dieser Übungsarbeit wird das Arbeiten mit einer Trennschleifmaschine, das Zusammenwirken von Prozesstechnologien und Einflussgrößen auf die Maßhaltigkeiten sowie der sorgfältige, fachgerechte Umgang mit Glas vermittelt. Dabei wird unter anderem auf die Funktion, Werkzeuge, Hilfsstoffe, Gefahrenquellen und den persönlichen Schutz an nicht geschlossenen Werkzeugmaschinen eingegangen.

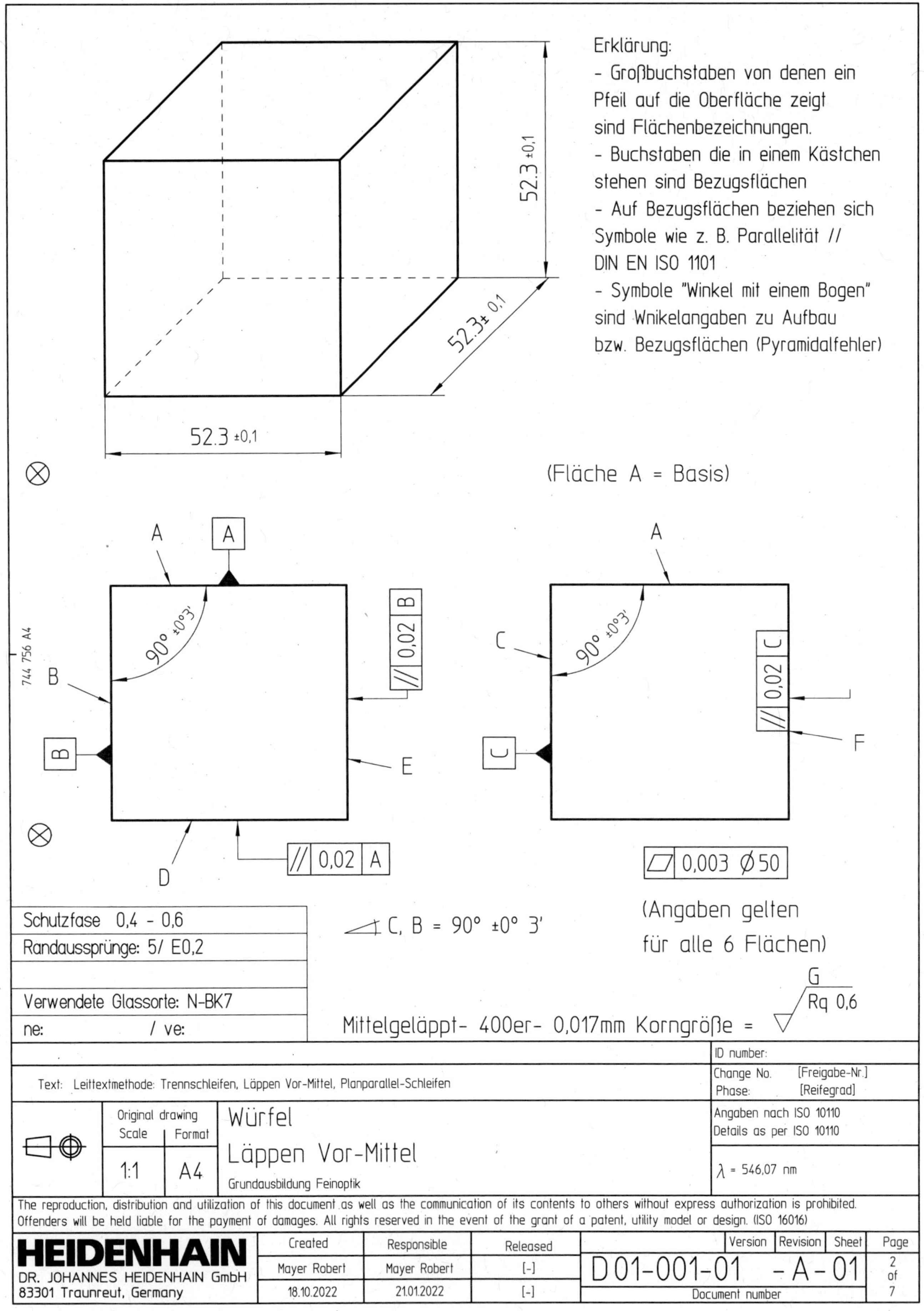

Abbildung 14: Zeichnung Würfel läppen (Quelle: DR. JOHANNES HEIDENHAIN GmbH)

Zu vermittelnde Qualifikationen

Lfd. Nr.:	Inhalt	OK	Bemerkung
1.	Erstellen eines Arbeitsplans		
2.	Bedienen einer manuell betriebenen Trennschleifmaschine (TSM)		
2.1	Funktionsweise, Bedienungsanleitung, Besonderheiten		
2.1	Trennschleifscheibe (TSS), Ein- und Ausbau, Feststellen der Funktionsfähigkeit, Schnitttiefe, Schnittbreite		
2.2	Ansetzen von Kühlschmierstoffen (KSS), Zugeben von Kühlschmierzusätzen, Kontrollieren der Kühlschmiermittelmenge, Kontrollieren der Kühlschmiermittelkonzentration anhand der technischen Eckdaten des KSS		
2.3	UVV bei der manuellen Tätigkeit an der TSM		
3.	Handhaben und Pflegen von Prüf- und Messmitteln (Nassbereich)		
3.1	Auswählen von Messmitteln und Umgehen mit den zu bearbeitenden Bauteilen, insbesondere in Bezug auf die Sauberkeit der zu prüfenden Oberflächen (z. B. Aussprünge, Kratzer)		
3.2	Prüfen der Qualität der Messmittel auf Standzeit (Verschleiß), Funktionstüchtigkeit und Genauigkeit		
4.	Bereitstellen von Unterlagen – Maschinenunterlagen, Werkzeugkunde		
5.	Erarbeiten einzelner Trennschnitte auf Maß		
6.1	Bestimmen von Facettengrößen		
6.2	Facettieren von Planfasen		
7.	allgemeiner Umgang mit Glas (z. B. Wasserfleckenbildung, Sprödigkeit, scharfe Kanten)		

Ausbildungslerninhalte: Lernzielkontrolle

Bezugsnehmend zu Punkt 3 „Handhabung und Pflege von Messmitteln" können folgende Leitfragen eine Vertiefung des vermittelnden Wissens darstellen.

Leitfragen zum Messschieber

Frage 1	Wie ist der Aufbau des Messschiebers mit Skalenanzeige? Nennen Sie die wesentlichen Merkmale!
Frage 2	Welche Messfehler können bei der Benutzung des Messschiebers auftreten?
Frage 3	Welche Arten des Messens gibt es beim Messschieber?
Frage 4	Wie funktioniert das Ablesen des Nonius am Messschieber?
Frage 5	Wie sieht die Einstellung bei 15.6 mm am Nonius aus? (Hilfsmittel Messschieber)
Frage 6	Welche Nonienarten gibt es?

Handreichung für die Auszubildenden zur betrieblichen Versetzung

Mit folgenden Fragen soll ein tiefgründigeres Interesse für den Versetzungsbereich geweckt werden und selbstständiges Handeln zu Beginn der Versetzung eingefordert werden. Auch soll für die Ausbildungsbeauftragten in den Versetzungsabteilungen eine gewisse Sensibilisierung stattfinden. Zum Ende der Versetzungsphase erarbeitet der/die Auszubildende auf Basis dieser Fragen eine Präsentation zur Vertiefung der vermittelten Inhalte.

Fragenkatalog zur Versetzung

Name Auszubildender/Auszubildende: ______________________ Ausbildungsjahr: ____________

Versetzungsabteilung: ______________________ Zeitraum: ____________

Betreuer/-in: ______________________________________

Was wird in der Abteilung hergestellt?

____

____

____

Welche Maschinen werden eingesetzt?

____

____

____

Welche Fertigungsprozesse werden durchgeführt?

____

____

____

Welche Prüfmittel werden eingesetzt?

____

____

____

Welche Betriebsstoffe werden eingesetzt?

In welcher Arbeitsumgebung wird gefertigt?

Welche Verhaltensregeln gelten in dieser Arbeitsumgebung?

Welche Arbeitssicherheitsvorschriften gelten?

Beschreiben Sie einen Arbeitsplatz in der Versetzungsabteilung unter der Berücksichtigung folgender Fragestellung:

Was wird, wie wird, womit, warum, welcher Qualitätsanspruch, werden ... / hergestellt bzw. produziert?

____

____

____

____

____

____

Besprechen Sie Ihr Ergebnis mit Ihrem Betreuer/Ihrer Betreuerin bzw. mit Ihrem/Ihrer Vorgesetzten dieser Abteilung und lassen Sie ihn/sie gegenzeichnen.

Betreuer/-in: ______________________________ Datum: ____________________

3 Berufsschule als Lernort der dualen Ausbildung

In der dualen Berufsausbildung wirken die Lernorte Ausbildungsbetrieb und Berufsschule zusammen (§ 2 Absatz 2 BBiG, Lernortkooperation). Ihr gemeinsamer Bildungsauftrag ist die Vermittlung beruflicher Handlungsfähigkeit. Nach der Rahmenvereinbarung [https://www.kmk.org/fileadmin/Dateien/veroeffentlichungen_beschluesse/2015/2015_03_12-RV-Berufsschule.pdf] der Kultusministerkonferenz (KMK) über die Berufsschule von 1991 und der Vereinbarung über den Abschluss der Berufsschule [https://www.kmk.org/fileadmin/Dateien/veroeffentlichungen_beschluesse/1979/1979_06_01-Abschluss-Berufsschule.pdf] von 1979 hat die Berufsschule darüber hinaus die Erweiterung allgemeiner Bildung zum Ziel. Die Auszubildenden werden befähigt, berufliche Aufgaben wahrzunehmen sowie die Arbeitswelt und Gesellschaft in sozialer und ökologischer Verantwortung mitzugestalten. Ziele und Inhalte des berufsbezogenen Berufsschulunterrichts werden für jeden Beruf in einem Rahmenlehrplan der KMK festgelegt.

Die Erarbeitung von Rahmenlehrplänen erfolgt grundsätzlich in zeitlicher und personeller Verzahnung mit der Erarbeitung des Ausbildungsrahmenplans, um eine gute Abstimmung sicherzustellen (Handreichung der Kultusministerkonferenz, Berlin 2021 [https://www.kmk.org/fileadmin/Dateien/veroeffentlichungen_beschluesse/2021/2021_06_17-GEP-Handreichung.pdf]).
Diese Abstimmung zwischen betrieblichem Ausbildungsrahmenplan und Rahmenlehrplan wird in der Entsprechungsliste dokumentiert. Der Rahmenlehrplanausschuss wird von der KMK eingesetzt, Mitglieder sind Lehrer/-innen aus verschiedenen Bundesländern.

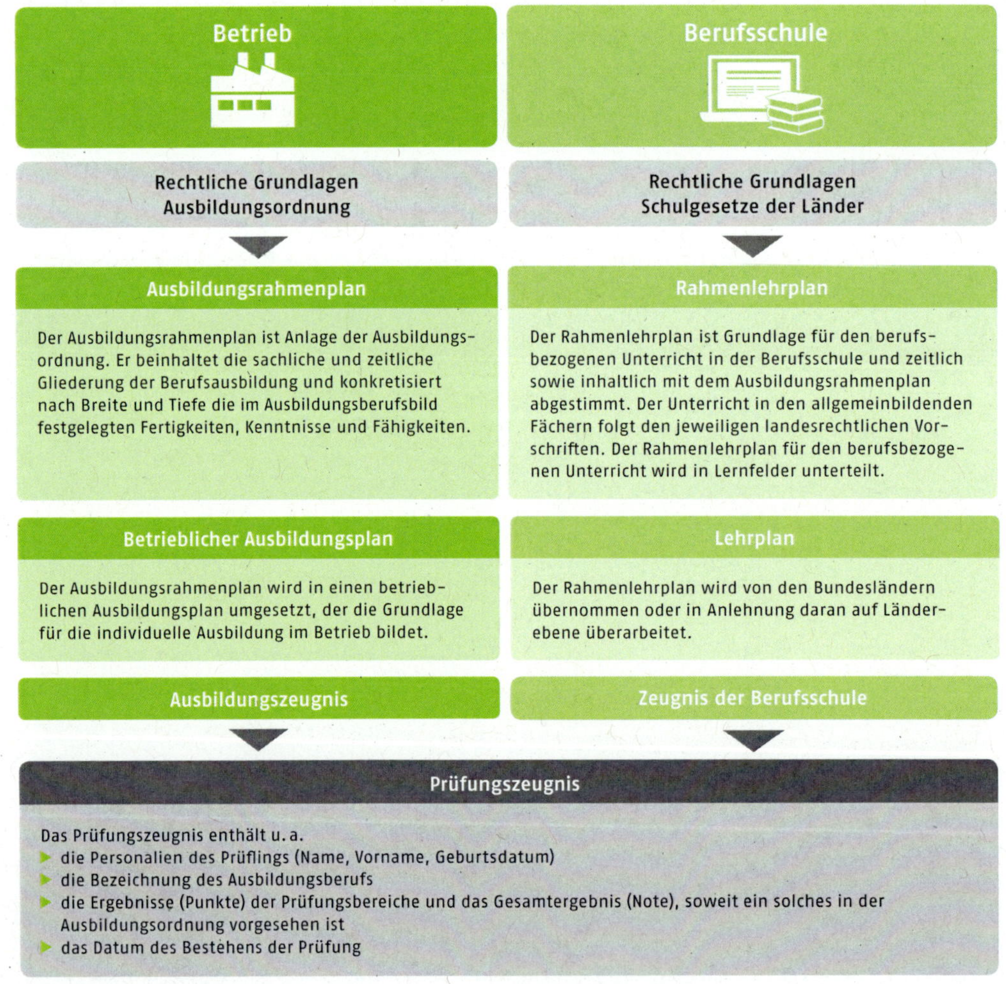

Abbildung 15: Übersicht Betrieb – Berufsschule (Quelle: BIBB)

3.1 Lernfeldkonzept und die Notwendigkeit der Kooperation der Lernorte

Seit 1996 sind die Rahmenlehrpläne der Kultusministerkonferenz (KMK) für den berufsbezogenen Unterricht in der Berufsschule nach Lernfeldern strukturiert. Intention der Einführung des Lernfeldkonzeptes war die von der Wirtschaft angemahnte stärkere Verzahnung von Theorie und Praxis. Die kompetenzorientiert formulierten Lernfelder konkretisieren das Lernen in beruflichen Handlungen. Sie orientieren sich an konkreten beruflichen sowie an individuellen und gesellschaftlichen Aufgabenstellungen und berufstypischen Handlungssituationen.

„Ausgangspunkt des lernfeldbezogenen Unterrichts ist nicht (...) die fachwissenschaftliche Theorie, zu deren Verständnis bei der Vermittlung möglichst viele praktische Beispiele herangezogen wurden. Vielmehr wird von beruflichen Problemstellungen ausgegangen, die aus dem beruflichen Handlungsfeld entwickelt und didaktisch aufbereitet werden. Das für die berufliche Handlungsfähigkeit erforderliche Wissen wird auf dieser Grundlage generiert.

Die Mehrdimensionalität, die Handlungen kennzeichnet (z. B. ökonomische, rechtliche, mathematische, kommunikative, soziale Aspekte), erfordert eine breitere Betrachtungsweise als die Perspektive einer einzelnen Fachdisziplin. Deshalb sind fachwissenschaftliche Systematiken in eine übergreifende Handlungssystematik integriert. Die zu vermittelnden Fachbezüge, die für die Bewältigung beruflicher Tätigkeiten erforderlich sind, ergeben sich aus den Anforderungen der Aufgabenstellungen. Unmittelbarer Praxisbezug des erworbenen Wissens wird dadurch deutlich und das Wissen in den neuen Kontext eingebunden.

Für erfolgreiches, lebenslanges Lernen sind Handlungs- und Situationsbezug sowie die Betonung eigenverantwortlicher Schüleraktivitäten erforderlich. Die Vermittlung von korrespondierendem Wissen, das systemorientierte vernetzte Denken und Handeln sowie das Lösen komplexer und exemplarischer Aufgabenstellungen werden im Rahmen des Lernfeldkonzeptes mit einem handlungsorientierten Unterricht in besonderem Maße gefördert. Dabei ist es in Abgrenzung und zugleich notwendiger Ergänzung der betrieblichen Ausbildung unverzichtbare Aufgabe der Berufsschule, die jeweiligen Arbeits- und Geschäftsprozesse im Rahmen der Handlungssystematik auch in den Erklärungszusammenhang zugehöriger Fachwissenschaften zu stellen und gesellschaftliche Entwicklungen zu reflektieren. Die einzelnen Lernfelder sind durch die Handlungskompetenz mit inhaltlichen Konkretisierungen und die Zeitrichtwerte beschrieben. Sie sind aus Handlungsfeldern des jeweiligen Berufes entwickelt und orientieren sich an berufsbezogenen Aufgabenstellungen innerhalb zusammengehöriger Arbeits- und Geschäftsprozesse. Dabei sind die Lernfelder über den Ausbildungsverlauf hinweg didaktisch so strukturiert, dass eine Kompetenzentwicklung spiralcurricular erfolgen kann.“[6]

Mit der Einführung des Lernfeldkonzeptes wird die Lernortkooperation als wesentliche Voraussetzung für die Funktionsfähigkeit des dualen Systems und für dessen Qualität angesehen.[7] Das Zusammenwirken von Betrieben und Berufsschulen spielt bei der Umsetzung des Rahmenlehrplans eine zentrale Rolle, wenn es darum geht, berufliche Probleme, die für die Betriebe relevant sind, als Ausgangspunkt für den Unterricht zu identifizieren und als Lernsituationen aufzubereiten. In der Praxis kann die Lernortkooperation je nach regionalen Gegebenheiten eine unterschiedliche Intensität aufweisen, aber auch zu gemeinsamen Vorhaben führen.

Der Rahmenlehrplan wird in der didaktischen Jahresplanung umgesetzt, einem umfassenden Konzept zur Unterrichtsgestaltung. Sie ist in der Berufsschule zu leisten und setzt fundierte Kenntnisse betrieblicher Arbeits- und Geschäftsprozesse voraus, die die Ausbilder/-innen und Lehrer/-innen z. B. durch Betriebsbesuche, Hospitationen oder Arbeitskreise erwerben.

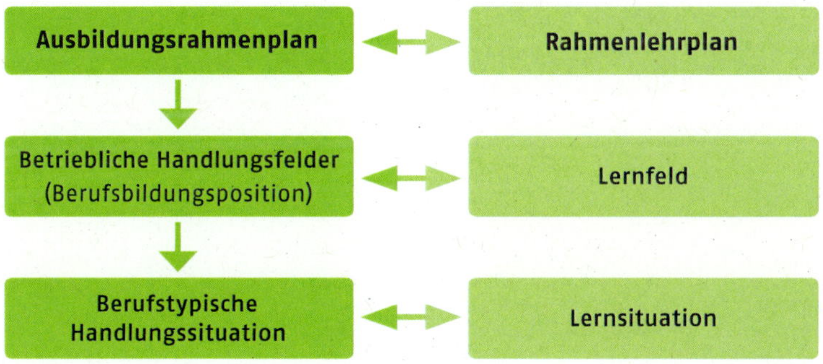

Ausbildungsrahmenplan ↔ Rahmenlehrplan
↓
Betriebliche Handlungsfelder (Berufsbildungsposition) ↔ Lernfeld
↓
Berufstypische Handlungssituation ↔ Lernsituation

Abbildung 16: Plan – Feld – Situation (Quelle: BIBB)

6 Handreichung der KMK für die Erarbeitung von Rahmenlehrplänen, 2021, S. 10 [https://www.kmk.org/fileadmin/Dateien/veroeffentlichungen_beschluesse/2021/2021_06_17-GEP-Handreichung.pdf]

7 Lipsmeier, Antonius: Lernortkooperation. In: Euler, Dieter (Hrsg.): Handbuch der Lernortkooperation. Bd. 1: Theoretische Fundierung. Bielefeld 2004, S. 60–76.

Die Bundesländer stellen für den Prozess der didaktischen Jahresplanung Arbeitshilfen zur Verfügung, die bekanntesten sind die aus Bayern und Nordrhein-Westfalen.[8,9] Kern der didaktischen Jahresplanung sind die **Lernsituationen**. Sie gliedern und gestalten die Lernfelder für den schulischen Lernprozess aus, stellen also kleinere thematische Einheiten innerhalb eines Lernfeldes dar. Die beschriebenen Kompetenzerwartungen werden exemplarisch umgesetzt, indem Lernsituationen berufliche Aufgaben und Handlungsabläufe aufnehmen und für den Unterricht didaktisch und methodisch aufbereiten. Insgesamt orientieren sich Lernsituationen am Erwerb umfassender Handlungskompetenz und unterstützen in ihrer Gesamtheit die Entwicklung aller im Lernfeld beschriebenen Kompetenzdimensionen. Der didaktische Jahresplan listet alle Lernsituationen in dem jeweiligen Bildungsgang auf und dokumentiert alle Kompetenzdimensionen, die Methoden, Sozialformen, Verknüpfungen, Verantwortlichkeiten sowie die Bezüge zu den allgemeinbildenden Unterrichtsfächern.

Die Arbeitsschritte, die für die Entwicklung von Lernsituationen erforderlich sind, können auf die betriebliche Umsetzung des Ausbildungsrahmenplans zur Entwicklung von Lern- und Arbeitsaufgaben oder von lernortübergreifenden Projekten übertragen werden. Zur Nutzung von Synergieeffekten bei der Umsetzung von Rahmenlehrplänen hat die KMK in ihrer Handreichung vereinbart, dass der jeweilige Rahmenlehrplanausschuss exemplarisch eine oder mehrere Lernsituationen zur Umsetzung von Lernfeldern entwickelt. Dabei können auch Verknüpfungsmöglichkeiten zu berufsübergreifenden Lernbereichen, zu verfügbaren Materialien oder Medien und exemplarischen Beispielen für den Unterricht aufgezeigt werden. Die Darstellung erfolgt jeweils in der Form, die für das federführende Bundesland üblich ist.

3.2 Rahmenlehrplan

3.2.1 Berufsbezogene Vorbemerkungen

Der vorliegende Rahmenlehrplan für die Berufsausbildung zum Feinoptiker und zur Feinoptikerin ist mit der Verordnung über die Berufsausbildung zum Feinoptiker und zur Feinoptikerin vom 12.03.2024 (BGBl. I Nr. 95) abgestimmt.

Der Rahmenlehrplan für den Ausbildungsberuf Feinoptiker/Feinoptikerin (Beschluss der Kultusministerkonferenz vom 14.06.2002) wird durch den vorliegenden Rahmenlehrplan aufgehoben.

Die für den Prüfungsbereich Wirtschafts- und Sozialkunde erforderlichen Kompetenzen werden auf der Grundlage des „Kompetenzorientierten Qualifikationsprofils für den Unterricht der Berufsschule im Bereich Wirtschafts- und Sozialkunde gewerblich-technischer Ausbildungsberufe" (Beschluss der Kultusministerkonferenz vom 17.06.2021) vermittelt.

In Ergänzung des Berufsbildes (Bundesinstitut für Berufsbildung unter https://www.bibb.de/dienst/berufesuche/de/index_berufesuche.php/profile/apprenticeship/feinop23) sind folgende Aspekte im Rahmen des Berufsschulunterrichtes bedeutsam:

Die Lernfelder des Rahmenlehrplans orientieren sich an den betrieblichen Handlungsfeldern. Die in den Lernfeldern formulierten Kompetenzen beschreiben den Qualifikationsstand am Ende des Lernprozesses und stellen den Mindestumfang dar. Inhalte in Kursivschrift sind nur dann aufgeführt, wenn die in den Lernfeldern beschriebenen Kompetenzen konkretisiert werden sollen.

Die Lernfelder bauen spiralcurricular aufeinander auf und sind methodisch-didaktisch so umzusetzen, dass sie zur beruflichen Handlungskompetenz führen. Neben der Fachkompetenz sind daher Selbst- und Sozialkompetenz sowie Methoden-, Lern- und kommunikative Kompetenz in allen Lernfeldern situativ und individuell unter besonderer Berücksichtigung berufstypischer Ausprägungen zu festigen und zu vertiefen.

Der Kompetenzerwerb sollte an berufstypischen Aufgabenstellungen auftrags- und projektorientiert und auch in Kooperation mit den anderen Lernorten erfolgen. Insbesondere die hohe Innovationsgeschwindigkeit im technischen Bereich verlangt grundsätzlich Kooperation zwischen Schule und Betrieben. Es können außerschulische Lernorte besucht und Schulungen mit Klassen durchgeführt werden.

Mathematische und naturwissenschaftliche Kompetenzen sowie sicherheitstechnische, ökonomische bzw. betriebswirtschaftliche und ökologische Aspekte sind in der Umsetzung der Lernfelder integrativ zu fördern. Die Dimensionen der Nachhaltigkeit – Ökonomie, Ökologie und Soziales –, die interkulturellen Unterschiede sowie die Inklusion sind in den Lernfeldern berücksichtigt.

In den einzelnen Lernfeldern sollen technologische, mathematische und praktische Aspekte von Arbeitsprozessen verknüpft werden. Das Üben und Vertiefen mathematischer Inhalte sollte während der gesamten Ausbildung in ausreichendem Maße sichergestellt sein.

Die Förderung des Bewusstseins für die hohe Fertigungspräzision besitzt durchgehend einen herausragenden Stellenwert.

Die Förderung fremdsprachlicher Kompetenzen ist in die Lernfelder integriert.

Feinoptikerinnen und Feinoptiker

- kommunizieren in der Berufs- und Fachsprache
- arbeiten teamorientiert
- berücksichtigen die mit der Digitalisierung der Arbeit verbundenen Vorschriften zum Datenschutz und zur Datensicherheit,

---

8 Staatsinstitut für Schulqualität und Bildungsforschung, Abteilung Berufliche Schulen, Didaktische Jahresplanung, Kompetenzorientierten Unterricht systematisch planen, München 2012. [https://www.isb2.bayern.de/download/27187/didaktische_jahresplanung.pdf]

9 Ministerium für Schule und Weiterbildung des Landes Nordrhein-Westfalen, Didaktische Jahresplanung, Pragmatische Handreichung für die Fachklassen des dualen Systems, Düsseldorf 2017. [https://broschuerenservice.nrw.de/default/shop/Didaktische_Jahresplanung/24]

- nutzen Informations- und Kommunikationssysteme zur Beschaffung von Informationen, zur Bearbeitung von Aufträgen, zur Dokumentation und zur Präsentation von Arbeitsergebnissen.

Die Ausbildungsstruktur gliedert sich in zwei Ausbildungsphasen jeweils vor und nach dem Teil I der gestreckten Gesellen- und Abschlussprüfung. Die in den Lernfeldern 1 bis 6 beschriebenen Kompetenzen sind mit den Berufsbildpositionen der ersten 18 Monate des Ausbildungsrahmenplans für die betriebliche Ausbildung abgestimmt und sind somit vor dem Teil I der gestreckten Gesellen- und Abschlussprüfung zu unterrichten.

3.2.2 Übersicht Lernfelder

Feinoptiker und Feinoptikerin

Ausbildungsjahr	Lernfeld Nr.	Lernfeld	Zeitrichtwerte in Unterrichtsstunden
1.	1	Optische Bauteile beschreiben und darstellen	60
	2	Bauteile prüfen	60
	3	Planoptische Bauteile manuell und maschinell herstellen	100
	4	Halterungen herstellen	60
2.	5	Bauteile berührungslos prüfen	100
	6	Betriebsmittel bereitstellen und instand halten	80
	7	Rundoptische Bauteile manuell und maschinell herstellen	100
3.	8	Bauteile beschichten	60
	9	Bauteile rechnergestützt herstellen	60
	10	Qualitätsmanagement anwenden	60
	11	Baugruppen herstellen und Systeme montieren	100
4.	12	Baugruppen und Systeme prüfen	60
	13	Produktionsabläufe steuern	80
			Insgesamt: 980 Stunden

▶ 1. Ausbildungsjahr (Lernfeld 1 bis 4)

Lernfeld 1: Optische Bauteile beschreiben und darstellen — Zeitrichtwert: 60 Stunden

Die Schülerinnen und Schüler verfügen über die Kompetenz, die Funktion und Qualität optischer Bauteile in ihrem beruflichen Umfeld zu beschreiben und darzustellen.

Die Schülerinnen und Schüler **analysieren** den Fertigungsauftrag optischer Bauteile unter Verwendung technischer Dokumente.

Die Schülerinnen und Schüler **informieren** sich über Formen, Funktionen und Qualitätsanforderungen optischer Bauteile sowie das Anfertigen von technischen Dokumenten.

Die Schülerinnen und Schüler **planen** die Anfertigung von technischen Dokumenten *(planoptische und rundoptische Bauteile)* auch im Team. Sie richten ihren Arbeitsplatz unter ergonomischen Aspekten ein. Sie berechnen Längen, Flächen, Volumen und Massen von Bauteilen und weisen den Materialbedarf für die Bauteile aus. Sie führen optische Berechnungen *(Reflexionsgesetz, Brechungsgesetz, Totalreflexion)* durch. Sie berücksichtigen Daten aus betrieblichen Informationssystemen und technischen Dokumenten und ermitteln die Toleranzen.

Die Schülerinnen und Schüler **zeichnen** optischen Bauteile entsprechend den gültigen Normen. Sie sichern die Arbeitsergebnisse und Daten unter Berücksichtigung der Vorschriften zum Datenschutz und zur Datensicherheit. Sie präsentieren ihre Ergebnisse adressatengerecht und kommunizieren berufssprachlich mit vorausgehenden und nachfolgenden betrieblichen Funktionsbereichen.

Die Schülerinnen und Schüler **prüfen** die Qualität der Arbeitsergebnisse. Sie geben sich konstruktiv Rückmeldungen zu ihren Arbeitsergebnissen und prüfen alternative Ausführungen und Optimierungsmöglichkeiten hinsichtlich technischer Machbarkeit und Fehlervermeidung.

Die Schülerinnen und Schüler **reflektieren** und dokumentieren ihre Arbeitsabläufe.

Hinweise
In diesem Lernfeld kommen die Schülerinnen und Schüler das erste Mal mit technischen Dokumenten wie technischen Zeichnungen, Stücklisten, Plänen in Kontakt und ermitteln die notwendigen technischen Angaben.

Lernfeld 2: Bauteile prüfen — Zeitrichtwert: 60 Stunden

Die Schülerinnen und Schüler verfügen über die Kompetenz, optische Bauteile mit Handmessmitteln, Lehren und taktilen Verfahren zu prüfen.

Die Schülerinnen und Schüler **analysieren** technische Unterlagen des Fertigungsauftrags bezüglich der zu prüfenden Größen. Dabei erstellen sie Prüfprotokolle aus gegebenen Zeichnungsangaben auch unter Nutzung digitaler Medien.

Die Schülerinnen und Schüler ermitteln Qualitätsmerkmale von optischen Werkstoffen und erforderliche Fertigungsqualitäten von Bauteilen. Sie **informieren** sich über Prüfverfahren und Prüfmittel in Bezug auf Werkstoffbeschaffenheit, Formen, Längen, Winkel und Zentrierungen von Bauteilen und erfassen deren Funktionalität und Grenzen.

Die Schülerinnen und Schüler wählen Prüfverfahren und Prüfmittel aus und **planen** die Durchführung der Prüfaufgaben. Dabei beachten sie gültige Normen, Regeln und Vorschriften. Sie kalibrieren die Prüfmittel und wählen die nötigen Hilfsmittel aus. Besonders beachten sie dabei mögliche Umwelteinflüsse auf die Prüfergebnisse.

Die Schülerinnen und Schüler bereiten die zu prüfenden Bauteile vor und prüfen die Funktionalität der Prüfmittel. Sie **führen** die geplanten Prüfungen **durch**. Sie kontrollieren Werkstoffqualität und Oberflächengüte und klassifizieren Abweichungen. Dabei achten sie auf zufällige und systematische Fehler. Begleitend vervollständigen sie die Angaben in den Prüfprotokollen.

Die Schülerinnen und Schüler **kontrollieren** ihre Prüfergebnisse und analysieren Fehler und Qualitätsmängel der Bauteile. Sie ergreifen unter Berücksichtigung der Funktion der Bauteile und des kontinuierlichen Verbesserungsprozesses bei Abweichungen entsprechende Maßnahmen.

Die Schülerinnen und Schüler bewerten und **reflektieren** ihre Ergebnisse. Sie diskutieren Alternativen und Verbesserungsmöglichkeiten hinsichtlich der Prüfverfahren, Wirtschaftlichkeit, Nachhaltigkeit und Ergonomie. Im Rahmen dieser Arbeiten entwickeln die Schülerinnen und Schüler das Bewusstsein für die Qualität von Bauteilen und die Präzision von Prüfmitteln.

Hinweise

In Lernfeld 2 kommen die Schülerinnen und Schüler das erste Mal mit Prüfmitteln in Kontakt. Mit taktilen Messgeräten, z. B. Messschieber, Bügelmessschraube und Messuhr, führen sie Prüfaufträge durch und bewerten diese.

Lernfeld 3: Planoptische Bauteile manuell und maschinell herstellen

Zeitrichtwert: 100 Stunden

Die Schülerinnen und Schüler verfügen über die Kompetenz, planoptische Bauteile manuell und maschinell herzustellen.

Die Schülerinnen und Schüler **analysieren** den Arbeitsauftrag zur Herstellung von planoptischen Bauteilen. Dafür verwenden sie technische Dokumentationen *(Zeichnungen, Arbeitspläne)*.

Die Schülerinnen und Schüler **informieren sich** auch mit digitalen Medien im Team über die Schritte zur Herstellung und Reinigung planoptischer Bauteile. Sie beachten den Bearbeitungsstand der optischen Bauteile.

Die Schülerinnen und Schüler **planen** die Arbeitsschritte und Arbeitsabläufe. Sie wählen Betriebsmittel und Betriebsstoffe unter Berücksichtigung der Fertigungsverfahren und betrieblicher Vorgaben aus *(Schleifmittel, Schleifwerkzeuge, Läppmittel, Läppwerkzeuge, Poliermittel, Polierwerkzeuge, Kühl-, Schmiermittel, Reinigungsmittel)* und richten den Arbeitsplatz ein. Dabei achten sie auf eine umweltgerechte Auswahl und Entsorgung der Betriebsstoffe.

Die Schülerinnen und Schüler **stelle**n auch im Team die Werkzeuge für einzelne Fertigungsverfahren entsprechend den Geometrien planoptischer Bauteile **her** und konditionieren diese. Sie korrigieren bei Abweichungen von den geforderten Bauteilgeometrien die Maschineneinstellungen und die Werkzeuge entsprechend den Anforderungen. Sie wählen entsprechend den technischen Dokumenten Fertigungsverfahren aus. Sie fügen die zu fertigenden Bauteile *(Kraftschluss, Formschluss, Stoffschluss)*. Sie wählen die Fügeverfahren, die Hilfsstoffe und Hilfsmittel unter Berücksichtigung der entsprechenden Werkstoffeigenschaften, Geometrien, Stückzahlen, Toleranzen und den Qualitätsanforderungen aus.

Die Schülerinnen und Schüler **fertigen** planoptische Bauteile aus verschiedenen Werkstoffen manuell und maschinell durch Urformprozesse und Umformprozesse und durch spanende Bearbeitung. Sie reinigen die Bauteile manuell und maschinell unter Berücksichtigung der werkstoffspezifischen Eigenschaften.

Die Schülerinnen und Schüler **bewerten** und dokumentieren die Fertigungsqualität der Bauteile entsprechend den Fertigungsvorgaben. Sie analysieren Fertigungsfehler und führen Korrekturmaßnahmen durch.

Die Schülerinnen und Schüler **reflektieren** den Arbeitsprozess auch im Hinblick auf die Zusammenarbeit im Team. Sie geben konstruktives Feedback an die Teammitglieder.

Hinweise

In Lernfeld 3 kommen die Schülerinnen und Schüler das erste Mal mit der Herstellung von planoptischen Bauteilen in Kontakt. Sie lernen die Verfahren mit Einsatzbedingungen kennen und wählen geeignete Verfahren mit Hilfsstoffen und Hilfsmitteln entsprechend aus.

Lernfeld 4: Halterungen herstellen — Zeitrichtwert: 60 Stunden

Die Schülerinnen und Schüler verfügen über die Kompetenz, Halterungen aus Metallen und Kunststoffen herzustellen.

Die Schülerinnen und Schüler **analysieren** den Arbeitsauftrag zur Herstellung einer Halterung im Hinblick auf den Verwendungszweck und beschreiben die Anforderungen. Dazu werten Sie technische Dokumente aus.

Die Schülerinnen und Schüler **informieren** sich über Werkstoffe sowie über manuelle und maschinelle *(spanende und spanlose)* Fertigungsverfahren. Hierbei verwenden Sie auch digitale und fremdsprachliche Medien.

Die Schülerinnen und Schüler entscheiden sich für die Fertigungsverfahren. Sie berücksichtigen dabei die Werkstoffeigenschaften und erarbeiten Qualitätskriterien. Sie ermitteln mit Hilfe von Tabellen, Diagrammen und Berechnungen die notwendigen Fertigungsparameter und begründen diese. Sie erstellen einen Arbeitsplan und wählen die erforderlichen Werkzeuge und Maschinen aus. Sie **planen** die notwendigen Arbeitsschritte für die Herstellung der Halterung.

Die Schülerinnen und Schüler **fertigen** das Werkstück entsprechend dem Arbeitsplan und berücksichtigen dabei die geltenden Sicherheits- und Umweltschutzvorschriften.

Die Schülerinnen und Schüler **prüfen** das Werkstück. Sie wählen dazu entsprechend den Anforderungen und den erforderlichen Toleranzen die Prüfverfahren und Prüfmittel aus und erstellen Prüfpläne.

Die Schülerinnen und Schüler dokumentieren und **reflektieren** die Prüfergebnisse und leiten gegebenenfalls Maßnahmen zur Verbesserung des Fertigungsprozesses ein.

Hinweise
In Lernfeld 4 kommen die Schülerinnen und Schüler das erste Mal mit der Fertigung von nicht optischen Bauteilen für Halterungen o. Ä. in Kontakt. Sie lernen konventionelle Metall- und Kunststofffertigungsverfahren kennen.

▶ 2. Ausbildungsjahr (Lernfeld 5 bis 7)

Lernfeld 5: Bauteile berührungslos prüfen — Zeitrichtwert: 100 Stunden

Die Schülerinnen und Schüler verfügen über die Kompetenz, optische Bauteile berührungslos zu prüfen.

Die Schülerinnen und Schüler **analysieren** den Fertigungsauftrag bezüglich der zu prüfenden Größen und entnehmen diese aus technischen Dokumenten. Sie ermitteln die Voraussetzungen zur Nutzung optischer Prüfverfahren.

Die Schülerinnen und Schüler **informieren** sich über den Aufbau und die Funktion von Prüfmitteln für berührungslose Prüfungen *(Goniometer, Interferometer)*. Sie stellen Gemeinsamkeiten und Unterschiede zu den taktilen Prüfverfahren dar. Sie verschaffen sich einen Überblick über Hilfsmittel zur Vorbereitung eines Bauteils für die Prüfaufgabe.

Die Schülerinnen und Schüler **planen** auch im Team die berührungslose Prüfung optischer Bauteile hinsichtlich Prüfaufbau und Einstellparameter. Sie wählen Prüfmittel aus. Hierbei berücksichtigen sie die technischen Möglichkeiten und Grenzen der unterschiedlichen Prüf- und Hilfsmittel.

Die Schülerinnen und Schüler bereiten die zu prüfenden Bauteile entsprechend dem gewählten Prüfmittel vor. Sie stellen das Prüfmittel ein und überwachen dessen Funktionalität. Sie **führen** den Prüfauftrag auch im Team **durch**. Sie kontrollieren die Abweichungen hinsichtlich der Funktion und Vorgaben der zu prüfenden Bauteile *(Form, Länge, Winkel, Zentrierung, Werkstoff- und Oberflächenbeschaffenheit)* und beachten die Umwelteinflüsse auf den Prüfprozess.

Die Schülerinnen und Schüler dokumentieren die Prüfergebnisse und **bewerten** diese hinsichtlich der Vorgaben der technischen Unterlagen und ergreifen bei Abweichungen Korrekturmaßnahmen.

Die Schülerinnen und Schüler **reflektieren** ihre Ergebnisse auch im Team. Sie diskutieren Alternativen und Optimierungsmöglichkeiten hinsichtlich der eingesetzten Prüfverfahren und beurteilen die Wirtschaftlichkeit, Nachhaltigkeit und Ergonomie. Im Rahmen dieser Arbeiten entwickeln die Schülerinnen und Schüler das Bewusstsein für die hohen Ansprüche an Qualität und Präzision optischer Bauteile und Prüfmittel.

Hinweise
In Lernfeld 5 kommen die Schülerinnen und Schüler das erste Mal mit berührungslosen Prüfverfahren für optische Bauteile in Kontakt. Sie lernen die Prüfverfahren mit Einsatzgrenzen kennen und prüfen Bauteile.

Lernfeld 6: Betriebsmittel bereitstellen und instand halten

Zeitrichtwert: 80 Stunden

Die Schülerinnen und Schüler verfügen über die Kompetenz, Werkzeuge, Maschinen und Anlagen bereit zu stellen und instand zu halten.

Die Schülerinnen und Schüler **analysieren** einen betrieblichen Auftrag in Bezug auf die erforderlichen Werkzeuge, Maschinen und Anlagen.

Die Schülerinnen und Schüler **informieren** sich über den Aufbau und die Funktion der Werkzeuge, Maschinen und Anlagen sowie über deren Instandhaltung *(Wartung, Instandsetzung)*. Sie ermitteln Einflüsse auf deren Betriebsbereitschaft und bereiten die Wartung von Betriebsmitteln vor. Dabei berücksichtigen sie Wartungspläne und Anleitungen. Sie informieren sich über Reinigungs- und Wartungsverfahren sowie notwendige Betriebsstoffe und deren Kennzeichnung, Transport, Lagerung und umweltgerechte Entsorgung. Sie verwenden auch digitale und fremdsprachige Medien.

Die Schülerinnen und Schüler **planen** auch im Team für die jeweiligen Betriebsmittel die notwendigen Arbeitsschritte der Instandhaltung. Sie befolgen Reinigungshinweise und Wartungspläne. Dabei beachten sie insbesondere im Hinblick auf den Umweltschutz die Aspekte der Nachhaltigkeit.

Die Schülerinnen und Schüler stellen Werkzeuge, Maschinen und Anlagen bereit und **führen** die Instandhaltungsarbeiten **durch**. Dabei beachten sie besonders die Vorschriften zum Arbeits- und Gesundheitsschutz sowie die Unfallverhütungsvorschriften.

Die Schülerinnen und Schüler **kontrollieren** die Betriebsbereitschaft von Werkzeugen, Maschinen und Anlagen und dokumentieren die Bereitstellung und Instandhaltungsarbeiten auch mit digitalen Medien.

Die Schülerinnen und Schüler **reflektieren** den Arbeitsprozess. Sie diskutieren die durchgeführten Arbeiten und schlagen auch im Team Verbesserungsmöglichkeiten vor. Sie bewerten die Bedeutung der Betriebsbereitschaft unter den Aspekten Verfügbarkeit, Sicherheit und Wirtschaftlichkeit und entwickeln Verantwortungsbewusstsein für Werkzeuge, Maschinen und Anlagen.

Hinweise
In Lernfeld 6 informieren sich die Schülerinnen und Schüler über die Betriebsmittel wie Werkzeuge, Maschinen und Anlagen. Sie planen notwendige Schritte für die Herstellung unter Berücksichtigung der verschiedenen Einflüsse, z. B. technische Gesichtspunkte, Instandhaltung und Umwelt.

Lernfeld 7: Rundoptische Bauteile manuell und maschinell herstellen

Zeitrichtwert: 100 Stunden

Die Schülerinnen und Schüler verfügen über die Kompetenz, rundoptische Bauteile manuell und maschinell herzustellen.

Die Schülerinnen und Schüler **analysieren** den Arbeitsauftrag zur Herstellung von rundoptischen Bauteilen. Dafür verwenden sie technische Dokumentationen *(Zeichnungen, Arbeitspläne)*.

Die Schülerinnen und Schüler **informieren** sich im Team über die Schritte zur Herstellung und Reinigung rundoptischer Bauteile auch mit Hilfe digitaler und fremdsprachiger Medien. Sie beachten den Bearbeitungsstand der optischen Bauteile.

Die Schülerinnen und Schüler **planen** die Arbeitsschritte und Arbeitsabläufe. Sie wählen Betriebsmittel und Betriebsstoffe unter Berücksichtigung der Fertigungsverfahren und betrieblicher Vorgaben aus *(Schleifmittel, Schleifwerkzeuge, Läppmittel, Läppwerkzeuge, Poliermittel, Polierwerkzeuge, Kühl-, Schmiermittel, Reinigungsmittel)* und richten den Arbeitsplatz ein. Dabei achten sie auf eine umweltgerechte Auswahl und Entsorgung der Betriebsstoffe.

Die Schülerinnen und Schüler **stellen** auch im Team die Werkzeuge für einzelne Fertigungsverfahren entsprechend den Geometrien rundoptischer Bauteile **her** und konditionieren diese. Sie korrigieren bei Abweichungen von den geforderten Bauteilgeometrien die Maschineneinstellungen und die Werkzeuge entsprechend den Anforderungen. Sie wählen entsprechend den technischen Dokumenten Fertigungsverfahren aus. Sie fügen die zu fertigenden Bauteile *(Kraftschluss, Formschluss, Stoffschluss)*. Sie wählen die Fügeverfahren, die Hilfsstoffe und Hilfsmittel unter Berücksichtigung der entsprechenden Werkstoffeigenschaften, Geometrien, Stückzahlen, Toleranzen und den Qualitätsanforderungen aus.

Die Schülerinnen und Schüler **fertigen** rundoptische Bauteile aus verschiedenen Werkstoffen manuell und maschinell durch Urformprozesse und Umformprozesse und durch spanende Bearbeitung. Sie reinigen die Bauteile manuell und maschinell unter Berücksichtigung der werkstoffspezifischen Eigenschaften.

Die Schülerinnen und Schüler **bewerten** die Fertigungsqualität der Bauteile entsprechend den Fertigungsvorgaben. Sie analysieren Fertigungsfehler, führen Korrekturmaßnahmen durch und dokumentieren diese.

Die Schülerinnen und Schüler **reflektieren** den Arbeitsprozess auch im Hinblick auf die Zusammenarbeit im Team und den kontinuierlichen Verbesserungsprozess. Sie geben konstruktives Feedback an die Teammitglieder.

Hinweise
Im Lernfeld 7 kommen die Schülerinnen und Schüler das erste Mal mit der Herstellung von rundoptischen Bauteilen in Kontakt. Sie lernen die Verfahren mit Einsatzbedingungen kennen und wählen geeignete Fertigungsverfahren mit Hilfsstoffen und Hilfsmitteln entsprechend aus.

▶ 3. Ausbildungsjahr (Lernfeld 8 bis 11)

Lernfeld 8:	Bauteile beschichten	Zeitrichtwert: 60 Stunden

Die Schülerinnen und Schüler verfügen über die Kompetenz, Beschichtungsverfahren für optische Bauteile funktionsgerecht auszuwählen und anzuwenden.

Die Schülerinnen und Schüler **analysieren** den Fertigungsauftrag zur Beschichtung von optischen Bauteilen. Dabei entnehmen sie die Anforderungen an die optischen Bauteile aus technischen Dokumenten *(Zeichnungen, Arbeitspläne)*.

Die Schülerinnen und Schüler verschaffen sich einen Überblick über die physikalischen Grundlagen und Zusammenhänge des Beschichtens. Sie **informieren sich** auch im Team über Beschichtungsmaterialien *(optische, mechanische, chemische, thermische Eigenschaften)* und die Verfahren zum Beschichten optischer Bauteile entsprechend den Anforderungen. Sie führen dazu notwendige Berechnungen *(Lichtverlust, Schichtdicke, Wellenlänge, Restlicht, Grenzwinkel der Totalreflexion)* durch.

Die Schülerinnen und Schüler **wählen** die Beschichtungsverfahren materialspezifisch und funktionsgerecht aus. Sie stellen die Materialien zum Beschichten bereit.

Die Schülerinnen und Schüler **beschichten** unter Beachtung der Umgebungsbedingungen und Maschineneinstellungen *(Reinraum, Beschichtungsverfahren)* optische Bauteile entsprechend den geforderten Qualitätsmerkmalen. Sie bereiten Beschichtungsanlagen vor, bestücken diese und steuern die Prozesse. Dabei treffen sie Maßnahmen zum Arbeitsschutz und zum Umweltschutz.

Die Schülerinnen und Schüler **bewerten** die Qualität der Beschichtung und dokumentieren die Ergebnisse auch mit Hilfe digitaler Medien. Sie führen Korrekturmaßnahmen durch.

Die Schülerinnen und Schüler **reflektieren** den Arbeitsprozess und die Teamarbeit und nehmen konstruktive Kritik an.

Hinweise

Im Lernfeld 8 kommen die Schülerinnen und Schüler mit der Beschichtung von optischen Bauteilen in Kontakt. Sie lernen die Beschichtungsverfahren mit Einsatzbedingungen kennen und wählen geeignete Verfahren mit Hilfsstoffen und Betriebsmitteln entsprechend aus.

Lernfeld 9:	Bauteile rechnergestützt herstellen	Zeitrichtwert: 60 Stunden

Die Schülerinnen und Schüler verfügen über die Kompetenz, Bauteile rechnergestützt herzustellen.

Die Schülerinnen und Schüler **analysieren** den Arbeitsauftrag und die dazugehörenden Fertigungsunterlagen, auch fremdsprachige, zur rechnergestützten Fertigung von Bauteilen hinsichtlich der Werkstoffe, der Fertigungsverfahren, der Qualität und der geometrischen Anforderungen.

Die Schülerinnen und Schüler **informieren** sich über die Rahmenbedingungen einer rechnergestützten Fertigung und deren Möglichkeiten. Sie beschreiben Maschinenaufbau, Maschinenfunktion und die Programmiervoraussetzungen *(Nullpunkte, Koordinatensystem)* sowie die Programmstruktur. Dazu verwenden sie digitale und fremdsprachige Medien.

Zur Planung der rechnergestützten Fertigung **legen** die Schülerinnen und Schüler die Reihenfolge der Arbeitsschritte **fest**, erstellen Arbeitspläne und Werkzeuglisten. Sie ermitteln die technologischen und geometrischen Daten für die Fertigung. Dazu verwenden sie Tabellen, Diagramme und Datenbanken. Sie planen die Fixierung der Werkstücke und die Einspannung der Werkzeuge.

Die Schülerinnen und Schüler **erstellen** das Programm, simulieren den Programmablauf und optimieren das Programm auf Grundlage der Erkenntnisse aus der Simulation. Sie nutzen Programmieranleitungen sowie Herstellerunterlagen und arbeiten auch im Team. Sie richten die Werkzeugmaschine ein und kontrollieren die Sicherheitseinrichtungen. Sie **fertigen** das Bauteil auf einer Werkzeugmaschine unter Berücksichtigung der geltenden Sicherheitsvorschriften und der Bestimmungen des Arbeitsschutzes und Umweltschutzes. Sie überwachen den Fertigungsprozess und greifen bei Abweichungen ein.

Die Schülerinnen und Schüler **prüfen** das Bauteil nach den gegebenen Prüfplänen. Sie interpretieren und dokumentieren die ermittelten Prüfergebnisse. Unter dem Gesichtspunkt der Wirtschaftlichkeit ändern sie, wenn notwendig, die Programmparameter.

Die Schülerinnen und Schüler **reflektieren** den Fertigungsprozess und diskutieren Verbesserungsmöglichkeiten. Sie erkennen die Vorteile einer rechnergestützten Fertigung, auch im Hinblick auf die Reproduzierbarkeit und die Nachhaltigkeit des Fertigungsprozesses.

Hinweise
In Lernfeld 9 kommen die Schülerinnen und Schüler das erste Mal mit der Programmierung von CNC-Maschinen in Kontakt. Sie lernen die Programmiergrundlagen mit Befehlen kennen und erstellen Programme für Bauteile aus der Feinoptik.

Lernfeld 10: Qualitätsmanagement anwenden

Zeitrichtwert: 60 Stunden

Die Schülerinnen und Schüler verfügen über die Kompetenz, Verfahren des Qualitätsmanagements anzuwenden.

Die Schülerinnen und Schüler **analysieren** den Fertigungsauftrag hinsichtlich Produkt- und Prozessmanagement. Sie unterscheiden Qualitätsstandards und Qualitätsmanagementsysteme unter Verwendung technischer Dokumente, Normen und Richtlinien. Sie machen sich die Notwendigkeit eines Qualitätsmanagementsystems bewusst.

Die Schülerinnen und Schüler **informieren** sich über produkt- und prozessbezogene Qualitätsstandards und die Notwendigkeit der Qualitätssicherung mit Hilfe eines systematischen Qualitätsmanagements. Sie verschaffen sich einen Überblick über die Ziele, Aufgaben und Bestandteile eines Qualitätsmanagementsystems und das Vorgehen bei der Prozessdatenanalyse.

Die Schülerinnen und Schüler **planen**, auch im Team, die Anwendung der Elemente des Qualitätsmanagementsystems bezogen auf die Prozesse der Bauteilfertigung, Baugruppenfertigung und Systemfertigung.

Die Schülerinnen und Schüler **bearbeiten** im Rahmen der Qualitätsanalyse Dokumente *(Verfahrensanweisungen, Datenblätter, Prozessdaten, Prüfprotokolle)* unter Berücksichtigung von betrieblichen Qualitätsstandards. Sie nutzen Daten aus Informationssystemen, Qualitätsmanagementhandbüchern auch mit Hilfe digitaler Medien. Sie führen statistische Berechnungen durch.

Sie **bewerten** die Ergebnisse der Qualitätsanalyse und interpretieren die Prozessdaten. Sie kommunizieren berufssprachlich mit vorausgehenden und nachfolgenden Funktionsbereichen.

Die Schülerinnen und Schüler **reflektieren** die Prozesse des Qualitätsmanagements. Sie beschreiben den Mehrwert der Anwendung des Qualitätsmanagements und tragen zur kontinuierlichen Verbesserung von Produkt- und Prozessqualität und damit zur Wirtschaftlichkeit des Unternehmens bei.

Hinweise
In Lernfeld 10 kommen die Schülerinnen und Schüler mit dem Qualitätsmanagement und der Bedeutung für die Herstellung von optischen Bauteilen in Kontakt. Sie lernen die Analysetools und Standards kennen und bearbeiten Dokumente.

Lernfeld 11: Baugruppen herstellen und Systeme montieren — Zeitrichtwert: 100 Stunden

Die Schülerinnen und Schüler verfügen über die Kompetenz, Baugruppen herzustellen und Systeme zu montieren.

Die Schülerinnen und Schüler **analysieren** den Arbeitsauftrag zur Herstellung von Baugruppen und zur Montage von optischen Systemen anhand von Herstellerunterlagen sowie technischer Dokumente.

Die Schülerinnen und Schüler **informieren sich** im Team, auch mit digitalen Medien, über die Schritte zur Herstellung von Baugruppen und zur Montage von Systemen. Sie bestimmen die Montagepositionen und setzen sich mit Montageverfahren *(Toleranzen, Passungsarten, Fassungsarten, Verbindungsarten)* auseinander.

Die Schülerinnen und Schüler legen die Montagereihenfolge fest und **wählen** entsprechend den Arbeitsschritten sowie Arbeitsverfahren Betriebsmittel, Betriebsstoffe und Vorrichtungen aus. Dabei achten sie auf eine umweltgerechte Auswahl und Entsorgung der Betriebsstoffe.

Die Schülerinnen und Schüler **fügen** Bauteile zu Baugruppen und montieren mechanische, elektronische sowie optische Bauteile und Baugruppen funktionsgerecht zu optischen Systemen. Dabei justieren und sichern sie Bauteile, Baugruppen und optische Systeme unter Beachtung von Maßtoleranzen, Formtoleranzen und Lagetoleranzen. Zur Sicherung der Qualität und zur Vermeidung von Funktionsausfällen ergreifen sie entsprechende Maßnahmen. Bei der Montage beachten sie die erforderlichen Umgebungsbedingungen und die Vorschriften zum Arbeits- und Gesundheitsschutz.

Die Schülerinnen und Schüler **prüfen** die Baugruppen und optischen Systeme auf Funktionalität entsprechend den Vorgaben. Bei funktionalen Abweichungen ergreifen sie Korrekturmaßnahmen. Sie führen Endkontrollen durch und dokumentieren diese auch mit digitalen Medien unter Beachtung der Vorschriften zum Datenschutz und zur Datensicherheit. Sie verpacken die montierten Baugruppen und Systeme zur Vermeidung von Schäden, insbesondere bei der Lagerung und beim Transport.

Die Schülerinnen und Schüler **reflektieren** den Herstellungsprozess sowie den Montageprozess, schlagen Verbesserungsmöglichkeiten vor und bewerten diese im Team.

Hinweise

In Lernfeld 11 kommen die Schülerinnen und Schüler das erste Mal mit der Montage von optischen Bauteilen zu Baugruppen und Systemen in Kontakt. Sie lernen die Montageverfahren mit Einsatzbedingungen kennen und wählen geeignete Verfahren mit Hilfsmitteln entsprechend aus.

▶ 4. Ausbildungsjahr (Lernfeld 12 bis 13)

Lernfeld 12: Baugruppen und Systeme prüfen — Zeitrichtwert: 60 Stunden

Die Schülerinnen und Schüler verfügen über die Kompetenz, gegebene Baugruppen und optische Systeme auf Funktionalität zu prüfen.

Die Schülerinnen und Schüler **analysieren** technische Dokumente bezüglich der zu prüfenden Baugruppen und optischen Systeme. Sie beschreiben die Voraussetzungen zur Nutzung von Prüfverfahren unter Berücksichtigung der zu prüfenden Parameter.

Die Schülerinnen und Schüler **informieren** sich über Prüfverfahren sowie den Aufbau und die Funktion von Prüfmitteln. Die Schülerinnen und Schüler beachten dabei besonders die Faktoren, die Einfluss auf das Prüfergebnis haben.

Die Schülerinnen und Schüler **planen** auch im Team die Prüfung von Baugruppen und optischen Systemen. Sie wählen das Prüfverfahren entsprechend den Anforderungen aus.

Die Schülerinnen und Schüler bereiten die zu prüfenden Baugruppen und optischen Systeme entsprechend dem gewählten Prüfverfahren vor und stellen die Prüfmittel ein. Sie **führen** die geplante Prüfaufgabe auch im Team **durch**. Sie überwachen kontinuierlich die Funktion der Prüfmittel. Sie kontrollieren und dokumentieren die Prüfergebnisse hinsichtlich der vorgegebenen Anforderungen.

Die Schülerinnen und Schüler **bewerten** ihre Prüfergebnisse. Sie identifizieren Abweichungen und führen Korrekturmaßnahmen hinsichtlich der Vorgaben der technischen Dokumente durch. Abschließend führen sie eine Endkontrolle durch und dokumentieren diese auch mit digitalen Medien unter Beachtung der Vorschriften zum Datenschutz und zur Datensicherheit.

Die Schülerinnen und Schüler **reflektieren** ihre Ergebnisse auch im Team. Sie diskutieren Verbesserungsmöglichkeiten hinsichtlich der eingesetzten Prüfverfahren und Prüfmittel. Im Rahmen dieser Tätigkeiten vertiefen die Schülerinnen und Schüler das Bewusstsein für die Qualität und Präzision von Baugruppen und optischen Systemen.

Hinweise
In Lernfeld 12 kommen die Schülerinnen und Schüler mit der Prüfung von optischen Baugruppen und Systemen in Kontakt. Sie lernen die Prüfverfahren kennen und wählen geeignete Verfahren aus.

Lernfeld 13: Produktionsabläufe steuern — Zeitrichtwert: 80 Stunden

Die Schülerinnen und Schüler verfügen über die Kompetenz, Produktionsabläufe zu steuern, zu kontrollieren und anzupassen.

Die Schülerinnen und Schüler **analysieren** den Auftrag hinsichtlich der Bedienung und Steuerung der Produktionsanlagen für die Herstellung von Bauteilen. Dafür verwenden sie technische Dokumente *(Schaltpläne, Bedienungsanleitungen)* auch in einer fremden Sprache.

Die Schülerinnen und Schüler **informieren** sich mit Hilfe von technischen Dokumenten und betrieblichen Informationssystemen über den Aufbau und die Funktion der Produktionsanlagen. Zudem informieren sie sich über Programmabläufe und das Regeln von automatisierten Prozessen.

Die Schülerinnen und Schüler **planen** den Produktionsablauf und Maßnahmen zur Kontrolle der einzelnen Arbeitsschritte. Zur Sicherstellung der Funktionsfähigkeit simulieren sie den Produktionsablauf.

Die Schülerinnen und Schüler nehmen automatisierte Produktionsanlagen in Betrieb und **bedienen** diese. Sie kontrollieren produktionsbezogene Daten. Sie stellen Abweichungen fest, grenzen Ursachen ein und veranlassen Maßnahmen zur Behebung. Sie dokumentieren diese auch mit digitalen Medien unter Beachtung der Vorschriften zum Datenschutz und zur Datensicherheit.

Die Schülerinnen und Schüler **reflektieren** und dokumentieren ihre Arbeitsabläufe. Sie prüfen auch im Team alternative Vorgehensweisen und Verbesserungsmöglichkeiten hinsichtlich Fehlervermeidung, Wirtschaftlichkeit und technischer Machbarkeit.

Hinweise
Im Lernfeld 13 kommen die Schülerinnen und Schüler mit der Steuerung von Produktionsabläufen in Kontakt. Sie lernen, automatische Produktionsabläufe zu steuern, zu kontrollieren und anzupassen.

3.3 Lernsituationen

Die folgenden beispielhaften Lernsituationen umfassen Inhalte der jeweiligen Lernfelder.

Beispiel Lernfeld 1

Lernsituation: „Planen eines 90°-Prismas"

<table>
<tr><th colspan="2">1. Ausbildungsjahr</th></tr>
<tr><td colspan="2">Lernfeld 1: Optische Bauteile beschreiben und darstellen (60 Stunden)
Das Lernfeld 1 kann in folgender Lernsituationen (LS) vermittelt werden:
▸ LS 1: Planen eines 90°-Prismas</td></tr>
<tr><td colspan="2">LS 1
Planen eines 90°-Prismas</td></tr>
<tr><td>Einstiegsszenario
Die Schülerinnen und Schüler planen nach Vorgaben aus technischen Normen und Merkblättern die Dokumente zur Herstellung eines 90°-Prismas. Dabei werden Prüfmittel von ihnen ausgewählt und eingesetzt. Kenntnisse über Struktur und Eigenschaften optischer Werkstoffe setzen sie situationsbezogen ein. Sie erstellen und ändern Teilzeichnungen unter Beachtung der gültigen Normen. Das sachgerechte Darstellen von Bauteilen können sie beurteilen.
In Übungen werden ausgewählte Schritte erprobt und Arbeitsergebnisse bewertet.
Die Schülerinnen und Schüler planen den ökonomischen Einsatz der Werkstoffe und Werkzeuge unter Berücksichtigung umwelt- und gesundheitsrelevanter Aspekte.</td><td>Handlungsprodukt/Lernergebnis
▸ technische Normen
▸ technische Zeichnung
▸ Stücklisten
▸ Arbeitsplan
▸ Berechnung der Materialmenge
▸ Verschnittmenge – auch in digitaler Form
▸ Plan zur Prozessoptimierung und Energieeinsparung</td></tr>
<tr><td>Wesentliche Kompetenzen
Die Schülerinnen und Schüler ...
▸ verschaffen sich einen Überblick über Unterschiede in Darstellungen,
▸ planen und bereiten betriebliche Arbeitsabläufe vor,
▸ lesen und werten Skizzen und Daten aus,
▸ erstellen technische Zeichnungen,
▸ ermitteln und kommissionieren Glasbedarf.</td><td>Konkretisierung der Inhalte
▸ Darstellung der Vor- und Nachteile
▸ Gegenüberstellung technischer Dokumente
▸ Katalog von Normen
▸ technische Zeichnungen
▸ Beurteilung anhand von Normen und betrieblichen Besonderheiten</td></tr>
<tr><td colspan="2">Lern- und Arbeitstechniken
▸ arbeitsteilige Gruppenarbeit
▸ Mindmap oder Pro-Kontra-Liste
▸ Teamteaching</td></tr>
<tr><td colspan="2">Unterrichtsmaterialien/Fundstelle
technische Normen und Vordrucke, Fachbücher, Tabellenbücher, Bereitstellung von CAD-, Textverarbeitungs- und Präsentationssoftware</td></tr>
<tr><td colspan="2">Organisatorische Hinweise
Zeichengerät und technische Zeichenplatte, nach Möglichkeit PC-Raum mit Internetzugang oder alternativ Nutzung eigener Endgeräte, Bewertung von Arbeitsabläufen, strukturierte Übersichten, Präsentationen, Klassenarbeit</td></tr>
</table>

Beispiel Lernfeld 7

Lernsituation: „Fertigen einer Lupenlinse"

2. Ausbildungsjahr

Lernfeld 7: Rundoptische Bauteile manuell und maschinell herstellen (100 Stunden)

Das Lernfeld 7 kann in folgender Lernsituationen (LS) vermittelt werden:

- LS 1: Fertigen einer Lupenlinse

LS 1

Fertigen einer Lupenlinse

Einstiegsszenario

Die Schülerinnen und Schüler bereiten das Fertigen von rundoptischen Bauelementen, z.B. einer Linse mit handgeführter bzw. maschineller Herstellung, vor. Dazu werten sie technische Unterlagen optischer Bauelemente aus, erstellen und verändern sie. Sie sind mit dem Aufbau der wichtigsten optischen Bauelemente vertraut. Sie führen die notwendigen Berechnungen durch und beurteilen ihre Arbeitsergebnisse. Die Möglichkeiten von Datenverarbeitungssystemen zur Planung des Arbeitsablaufes und zur Dokumentation aller notwendigen Steuerungs- und Organisationsschritte werden genutzt. Auf der Basis der technischen Grundlagen planen sie die Arbeitsschritte mit den erforderlichen Arbeitsmaterialien. Sie erproben ausgewählte Arbeitsschritte, untersuchen Betriebsmittel auf deren Verwendung. Dazu entnehmen sie auch Informationen und Fachbegriffe aus fremdsprachlichen Arbeitsunterlagen. Sie dokumentieren, bewerten und präsentieren die Arbeitsergebnisse. Die Schülerinnen und Schüler integrieren die Bestimmungen des Arbeits- und Umweltschutzes in den Handlungsprozess.

Handlungsprodukt/Lernergebnis

- Verfahrensauswahl
- Maschinenauswahl unter Einhaltung technischer Normen
- Arbeitsplan
- Berechnung der Prozessdaten
- Werkzeuge
- Prozessoptimierung
- Ressourceneinsparung

Wesentliche Kompetenzen

Die Schülerinnen und Schüler ...

- verschaffen sich einen Überblick über unterschiedliche Fertigungsverfahren und Maschinen,
- planen und bereiten betriebliche Arbeitsabläufe vor,
- legen und werten Prozessdaten aus,
- planen Arbeitsschritte.

Konkretisierung der Inhalte

Die Schülerinnen und Schüler ...

- schleifen,
- läppen,
- polieren/feinpolieren,
- sprengen an,
- zentrieren,
- fasen.

- Dokumentation und Bewertung von Ergebnissen
- Darstellungsverfahren von Arbeitsabläufen
- betriebsinterne Kommunikation

Lern- und Arbeitstechniken

- Leittextmethode
- Gruppenarbeit bzw. -puzzle
- Mindmap oder Pro-Kontra-Liste
- Fishbowl
- Referat

Unterrichtsmaterialien/Fundstelle

technische Normen und Kataloge, Fachbücher, Tabellenbücher, konventionelle und CNC-Maschinen, Textverarbeitungs- und Präsentationssoftware

Organisatorische Hinweise

Zeichengerät und technische Zeichenplatte, nach Möglichkeit PC-Raum mit Internetzugang oder alternativ Nutzung eigener Endgeräte, Bewertung von Arbeitsabläufen, strukturierte Übersichten, Präsentationen, Klassenarbeit

Beispiel Lernfeld 8

Lernsituation: „Beschichten eines Teilerwürfels"

3. Ausbildungsjahr

Lernfeld 8: Bauteile beschichten (60 Stunden)

Das Lernfeld 2 kann in folgender Lernsituationen (LS) vermittelt werden:

- LS 1: Beschichten eines Teilerwürfels

LS 1

Beschichten eines Teilerwürfels

Einstiegsszenario

Die Schülerinnen und Schüler veredeln optische Bauteile durch Beschichten. Sie planen die einzelnen Fertigungsschritte, überprüfen und optimieren sie. Dazu wählen sie die geeigneten Werk- und Hilfsstoffe sowie Fertigungsverfahren aus. Sie kennen die Einflüsse der Prozessparameter auf die geforderten optischen Eigenschaften, untersuchen Prozessstörungen und entwickeln Lösungsmöglichkeiten. Sie deuten Interferenz- und Polarisationserscheinungen in der Prüf- und Beschichtungstechnik. Die Arbeitsergebnisse werden geprüft, bewertet, dokumentiert und präsentiert.

Die Schülerinnen und Schüler beachten die Bestimmungen des Arbeits- und Umweltschutzes. Die Möglichkeiten von Datenverarbeitungssystemen zur Planung des Arbeitsablaufes und zur Dokumentation aller notwendigen Steuerungs- und Organisationsschritte werden genutzt. Sie berücksichtigen die Gestaltung der Kundenbeziehungen zwischen den betroffenen Abteilungen innerhalb des Betriebes.

Handlungsprodukt/Lernergebnis

- Schichtauswahl
- Verfahrensauswahl
- Arbeitsplan
- Berechnung der Prozessdaten
- Reinigung
- Prozessoptimierung
- Ressourceneinsparung

Wesentliche Kompetenzen

Die Schülerinnen und Schüler ...

- verschaffen sich einen Überblick über Veredlungsverfahren,
- wenden Beschichtungstechniken an,
- planen und bereiten betriebliche Arbeitsabläufe vor,
- lesen und werten Daten aus,
- legen Schichten aus.

Konkretisierung der Inhalte

- Beschichtungstechniken (Dünnschichttechnologie, Verspiegelung, Lackierung)
- Aufbringen von Strukturbildern
- Darstellen von Arbeitsabläufen
- Interferenz in der Beschichtungstechnik
- Dokumentation und Bewertung von Ergebnissen

Lern- und Arbeitstechniken

- Leittextmethode
- Gruppenarbeit bzw. -puzzle
- Mindmap oder Pro-Kontra-Liste oder Fishbowl
- Lernzirkel
- Stationenlernen
- Lernen am Modell

Unterrichtsmaterialien/Fundstelle

technische Unterlagen, Fachbücher, Tabellenbücher, Beschichtungs-, Textverarbeitungs- und Präsentationssoftware

Organisatorische Hinweise

nach Möglichkeit PC-Raum mit Internetzugang oder Nutzung eigener Endgeräte, Bewertung von Arbeitsabläufen, strukturierte Übersichten, Präsentationen, Klassenarbeit

4 Prüfungen

Durch die Prüfungen soll nach dem Berufsbildungsgesetz (BBiG) bzw. nach der Handwerksordnung (HwO) festgestellt werden, ob der Prüfling die berufliche Handlungsfähigkeit erworben hat.

§ „In ihr soll der Prüfling nachweisen, dass er die erforderlichen beruflichen Fertigkeiten beherrscht, die notwendigen beruflichen Kenntnisse und Fähigkeiten besitzt und mit dem im Berufsschulunterricht zu vermittelnden, für die Berufsausbildung wesentlichen Lehrstoff vertraut ist. Die Ausbildungsordnung ist zugrunde zu legen." (§ 38 BBiG/§ 32 HwO)

Die während der Ausbildung angeeigneten Kompetenzen können dabei nur exemplarisch und nicht in Gänze geprüft werden. Aus diesem Grund ist es wichtig, berufstypische Aufgaben und Probleme für die Prüfung auszuwählen, anhand derer die Kompetenzen in Breite und Tiefe gezeigt und damit Aussagen zum Erwerb der beruflichen Handlungsfähigkeit getroffen werden können.
Die Prüfungsbestimmungen werden auf Grundlage der BIBB-Hauptausschussempfehlung Nr. 158 zur Struktur und Gestaltung von Ausbildungsordnungen (Prüfungsanforderungen) erarbeitet. Hierin werden das Ziel der Prüfung, die nachzuweisenden Kompetenzen, die Prüfungsinstrumente sowie der dafür festgelegte Rahmen der Prüfungszeiten konkret beschrieben. Darüber hinaus werden die Gewichtungs- und Bestehensregelungen bestimmt.
Die Ergebnisse dieser Prüfungen sollen den am Ende einer Ausbildung erreichten Leistungsstand dokumentieren und zugleich Auskunft darüber geben, in welchem Maße die Prüfungsteilnehmer/-innen die berufliche Handlungsfähigkeit derzeit aufweisen und auf welche Entwicklungspotenziale diese aktuellen Leistungen zukünftig schließen lassen.
Ein didaktisch und methodisch sinnvoller Weg, die Auszubildenden auf die Prüfung vorzubereiten, ist, sie von Beginn ihrer Ausbildung an mit dem gesamten Spektrum der Anforderungen und Probleme, die der Beruf mit sich bringt, vertraut zu machen und sie zum vollständigen beruflichen Handeln zu befähigen.
Damit wird den Auszubildenden auch ihre eigene Verantwortung für ihr Lernen in Ausbildungsbetrieb und Berufsschule, für ihren Ausbildungserfolg und beruflichen Werdegang deutlich gemacht. Eigenes Engagement in der Ausbildung fördert die berufliche Handlungsfähigkeit der Auszubildenden enorm.

Weitere Informationen:

- BIBB-Hauptausschussempfehlung Nr. 158 [https://www.bibb.de/dokumente/pdf/HA158.pdf]
- Berufsbildungsgesetz [https://www.gesetze-im-internet.de/bbig_2005/BBiG.pdf (§§ 37 bis 50a)]

4.1 Gestreckte Gesellen- oder Abschlussprüfung

Bei dieser Prüfungsart (§ 44 BBiG/§ 36 a HwO) findet keine Zwischenprüfung statt, sondern eine Gesellen- oder Abschlussprüfung, die sich aus zwei bewerteten Teilen zusammensetzt. Teil 1 und 2 werden zeitlich voneinander getrennt geprüft. Beide Prüfungsteile fließen dabei in einem in der Verordnung festgelegten Verhältnis in die Bewertung und das Gesamtergebnis der Gesellen- oder Abschlussprüfung ein.
Ziel ist es, die berufliche Handlungsfähigkeit der Prüfung Teil 1 abschließend festzustellen. Prüfungsgegenstand von Teil 1 sind die Fertigkeiten, Kenntnisse und Fähigkeiten, die bis zu diesem Zeitpunkt gemäß dem Ausbildungsrahmenplan zu vermitteln sind. Prüfungsgegenstand von Teil 2 sind die Inhalte des zweiten Ausbildungsabschnitts.

Aufbau

Teil 1 der „Gestreckten Gesellen- oder Abschlussprüfung" findet spätestens am Ende des zweiten Ausbildungsjahres statt. Das Ergebnis geht mit einem Anteil in das Gesamtergebnis ein – dieser Anteil ist in der Ausbildungsordnung festgelegt. Der Prüfling wird nach Ablegen von Teil 1 über seine erbrachte Leistung informiert. Dieser Teil der Prüfung kann nicht eigenständig wiederholt werden, da er ein Teil der Gesamtprüfung ist. Ein schlechtes Ergebnis in Teil 1 kann also nicht verbessert werden, sondern muss durch ein entsprechend gutes Ergebnis in Teil 2 ausgeglichen werden, damit die Prüfung insgesamt als „bestanden" gilt.
Teil 2 der „Gestreckten Gesellen- oder Abschlussprüfung" erfolgt zum Ende der Ausbildungszeit. Das Gesamtergebnis der Gesellen- oder Abschlussprüfung setzt sich aus den Ergebnissen der beiden Teilprüfungen zusammen. Bei Nichtbestehen der Prüfung muss sowohl Teil 1 als auch Teil 2 wiederholt werden. Gleichwohl kann der Prüfling auf Antrag von der Wiederholung einzelner, bereits bestandener Prüfungsabschnitte freigestellt werden.

Zulassung

Für jeden Teil der „Gestreckten Gesellen- oder Abschlussprüfung" erfolgt eine gesonderte Entscheidung über die Zulassung – alle Zulassungsvoraussetzungen müssen erfüllt sein und von der zuständigen Stelle geprüft werden.
Die Zulassung zu Teil 1 erfolgt, wenn

- die vorgeschriebene Ausbildungsdauer zurückgelegt,
- der Ausbildungsnachweis geführt sowie
- das Berufsausbildungsverhältnis im Verzeichnis der Berufsausbildungsverhältnisse eingetragen worden ist.

Für die Zulassung zu Teil 2 der Prüfung ist zusätzlich die Teilnahme an Teil 1 der Prüfung Voraussetzung. Ob dieser Teil erfolgreich abgelegt wurde, ist dabei nicht entscheidend.
In Ausnahmefällen können Teil 1 und Teil 2 der „Gestreckten Gesellen- oder Abschlussprüfung" auch zeitlich zusammengefasst werden, wenn der Prüfling Teil 1 aus Gründen, die er nicht zu vertreten hat, nicht ablegen konnte. Zeitlich zusammengefasst bedeutet dabei nicht gleichzeitig, sondern in vertretbarer zeitlicher Nähe. In diesem Fall kommt der zuständigen Stelle bei der Beurteilung der Gründe für die Nichtteilnahme ein entsprechendes Ermessen zu. Zu berücksichtigen sind neben gesundheitlichen und terminlichen Gründen auch soziale und entwicklungsbedingte Umstände. Ein Entfallen des ersten Teils kommt nicht in Betracht.

4.2 Prüfungsinstrumente

Prüfungsinstrumente beschreiben das Vorgehen des Prüfens und den Gegenstand der Bewertung in den einzelnen Prüfungsbereichen, die als Strukturelemente zur Gliederung von Prüfungen definiert sind.
Für jeden Prüfungsbereich wird mindestens ein Prüfungsinstrument in der Verordnung festgelegt. Es können auch mehrere Prüfungsinstrumente innerhalb eines Prüfungsbereiches miteinander kombiniert werden. In diesem Fall ist eine Gewichtung der einzelnen Prüfungsinstrumente nur vorzunehmen, wenn für jedes Prüfungsinstrument eigene Anforderungen beschrieben werden. Ist die Gewichtung in der Ausbildungsordnung nicht geregelt, erfolgt diese durch den Prüfungsausschuss.
Das bzw. die gewählte/-n Prüfungsinstrument/-e für einen Prüfungsbereich muss/müssen es ermöglichen, dass die Prüflinge anhand von zusammenhängenden Aufgabenstellungen Leistungen zeigen können, die den Anforderungen entsprechen.
Die Anforderungen aller Prüfungsbereiche und die dafür jeweils vorgesehenen Prüfungsinstrumente und Prüfungszeiten müssen insgesamt für die Feststellung der beruflichen Handlungsfähigkeit, d. h. der beruflichen Kompetenzen, die am Ende der Berufsausbildung zum Handeln als Fachkraft befähigen, in dem jeweiligen Beruf geeignet sein.
Für den Nachweis der Prüfungsanforderungen werden für jedes Prüfungsinstrument Prüfungszeiten festgelegt, die sich an der durchschnittlich erforderlichen Zeitdauer für den Leistungsnachweis durch den Prüfling orientieren.
Wird für den Nachweis der Prüfungsanforderungen ein Variantenmodell verordnet, muss diese Alternative einen gleichwertigen Nachweis und eine gleichwertige Messung der Fertigkeiten, Kenntnisse und Fähigkeiten (identische Anforderungen) ermöglichen.
Die Prüfungsinstrumente werden in der Verordnung vorgegeben.

Prüfungsinstrumente Feinoptiker/-in

Die Beschreibungen der Prüfungsinstrumente sind den Anlagen der BIBB-Hauptausschussempfehlung Nr. 158 entnommen.

Schriftlich zu bearbeitende Aufgaben

Die Schriftlich zu bearbeitenden Aufgaben sind praxisbezogen oder berufstypisch. Bei der Bearbeitung entstehen Ergebnisse wie z. B. Lösungen zu einzelnen Fragen, Geschäftsbriefe, Stücklisten, Schaltpläne, Projektdokumentationen oder Bedienungsanleitungen.
Werden eigene Prüfungsanforderungen formuliert, erhalten die Schriftlich zu bearbeitenden Aufgaben eine eigene Gewichtung.

Bewertet werden

- fachliches Wissen,
- Verständnis für Hintergründe und Zusammenhänge und/oder
- methodisches Vorgehen und Lösungswege.

Zusätzlich kann auch (z. B. wenn ein Geschäftsbrief zu erstellen ist) die Beachtung formaler Aspekte wie Gliederung, Aufbau und Stil bewertet werden.

Auftragsbezogenes Fachgespräch

Das Auftragsbezogene Fachgespräch bezieht sich auf einen durchgeführten Betrieblichen Auftrag, ein erstelltes Prüfungsprodukt/Prüfungsstück, eine durchgeführte Arbeitsprobe oder Arbeitsaufgabe und unterstützt deren Bewertung; es hat keine eigenen Prüfungsanforderungen und erhält deshalb auch keine gesonderte Gewichtung. Es werden Vorgehensweisen, Probleme und Lösungen sowie damit zusammenhängende Sachverhalte und Fachfragen erörtert.

Bewertet werden

- methodisches Vorgehen und Lösungswege und/oder
- Verständnis für Hintergründe und Zusammenhänge.

Situatives Fachgespräch

Das Situative Fachgespräch bezieht sich auf Situationen während der Durchführung einer Arbeitsaufgabe oder einer Arbeitsprobe und unterstützt deren Bewertung; es hat keine eigenen Prüfungsanforderungen und erhält daher auch keine gesonderte Gewichtung. Es werden Fachfragen, fachliche Sachverhalte und Vorgehensweisen sowie Probleme und Lösungen erörtert. Es findet während der Durchführung der Arbeitsaufgabe oder Arbeitsprobe statt; es kann in mehreren Gesprächsphasen durchgeführt werden.

Bewertet werden

- methodisches Vorgehen und Lösungswege und/oder
- Verständnis für Hintergründe und Zusammenhänge.

Prüfungsprodukt/Prüfungsstück

Der Prüfling erhält die Aufgabe, ein berufstypisches Produkt herzustellen. Beispiele für ein solches Prüfungsprodukt/Prüfungsstück sind, z. B. ein Metall- oder Holzerzeugnis, ein Computerprogramm, ein Marketingkonzept, eine Projektdokumentation, eine technische Zeichnung. Es werden eigene Prüfungsanforderungen formuliert. Das Prüfungsprodukt/Prüfungsstück erhält daher eine eigene Gewichtung.

Bewertet wird

- das Endergebnis bzw. das Produkt.

Darüber hinaus ist es zusätzlich möglich, die Arbeit mit praxisüblichen Unterlagen zu dokumentieren, eine Präsentation sowie ein Auftragsbezogenes Fachgespräch durchzuführen.

Arbeitsaufgabe

Die Arbeitsaufgabe besteht aus der Durchführung einer komplexen berufstypischen Aufgabe. Es werden eigene Prüfungsanforderungen formuliert. Die Arbeitsaufgabe erhält daher eine eigene Gewichtung.

Bewertet werden

- die Arbeits-/Vorgehensweise und das Arbeitsergebnis oder
- nur die Arbeits-/Vorgehensweise.

Die Arbeitsaufgabe kann durch ein Situatives Fachgespräch, ein Auftragsbezogenes Fachgespräch, durch Dokumentieren mit praxisbezogenen Unterlagen, Schriftlich zu bearbeitende Aufgaben und eine Präsentation ergänzt werden. Diese beziehen sich auf die zu bearbeitende Arbeitsaufgabe.

Dokumentieren mit praxisbezogenen Unterlagen

Das Dokumentieren mit praxisbezogenen Unterlagen erfolgt im Zusammenhang mit der Durchführung der Arbeitsaufgabe, der Arbeitsprobe, des Prüfungsstücks oder des Betrieblichen Auftrags und bezieht sich auf dieselben Prüfungsanforderungen. Deshalb erfolgt keine gesonderte Gewichtung. Der Prüfling erstellt praxisbezogene Unterlagen wie z. B. Berichte, Beratungsprotokolle, Vertragsunterlagen, Stücklisten, Arbeitspläne, Prüf- und Messprotokolle, Bedienungsanleitungen und/oder stellt vorhandene Unterlagen zusammen, mit denen die Planung, Durchführung und Kontrolle einer Aufgabe beschrieben und belegt werden. Die praxisbezogenen Unterlagen werden unterstützend zur Bewertung der Arbeits- und Vorgehensweise und/oder des Arbeitsergebnisses herangezogen. Die Art und Weise des Dokumentierens wird nicht bewertet.

4.3 Prüfungsstruktur

▶ Übersicht über die Prüfungsstruktur von Teil 1 und 2 der Gestreckten Gesellen- oder Abschlussprüfung

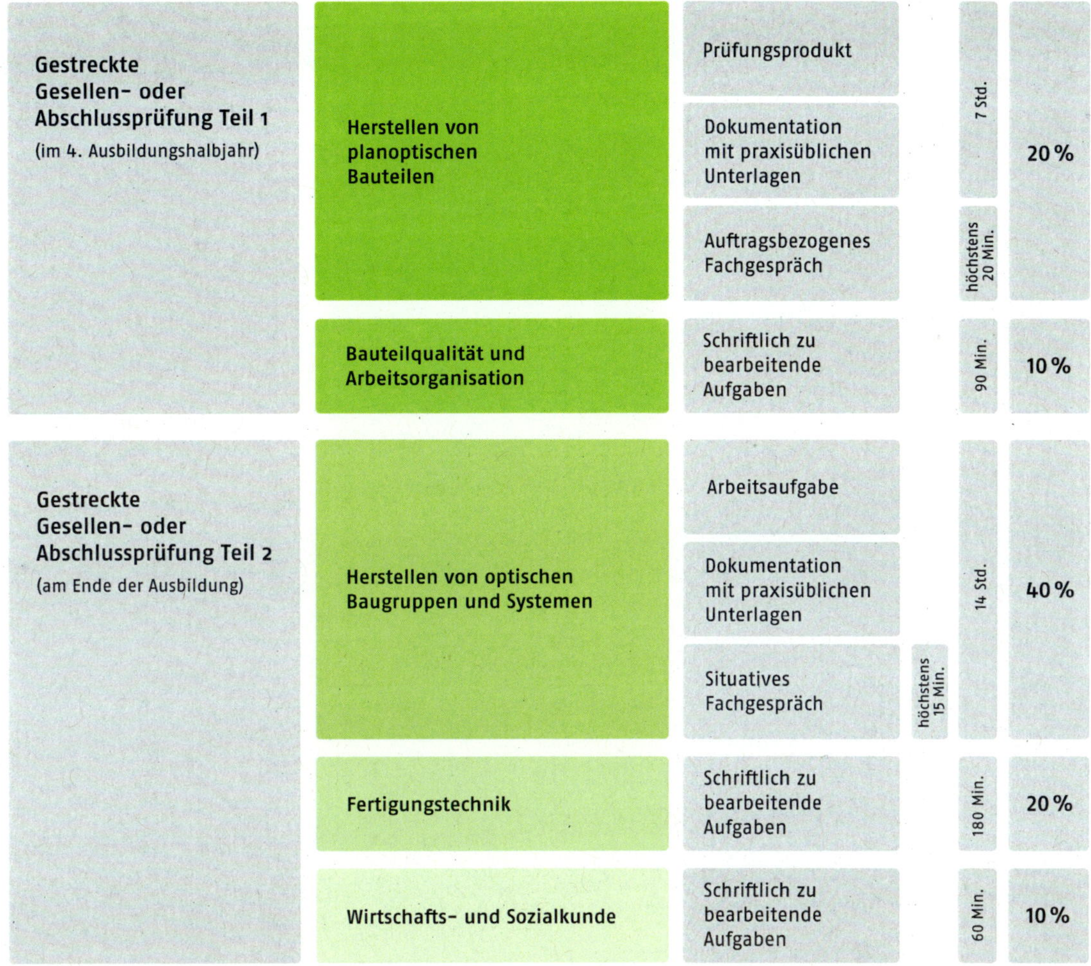

Abbildung 17: Übersicht über die Prüfungsstruktur (Quelle: BIBB)

ZUSATZMATERIALIEN ZUM DOWNLOAD

4.3.1 Teil 1 der Gestreckten Gesellen- oder Abschlussprüfung

Prüfungsbereich „Herstellen von planoptischen Bauteilen"

Im Prüfungsbereich „Herstellen von planoptischen Bauteilen" hat der Prüfling nachzuweisen, dass er in der Lage ist,

1. Arbeitsaufträge unter Berücksichtigung technischer Zeichnungen zu prüfen und Arbeitsplätze einzurichten,
2. persönliche Schutzausrüstung auszuwählen und einzusetzen,
3. Werkzeuge, Maschinen und Anlagen sowie Mess- und Prüfmittel unter Berücksichtigung von Werkstoffen und Bearbeitungsverfahren auftragsbezogen auszuwählen und vorzubereiten,
4. planoptische Bauteile aus Halbzeugen durch Schleifen, Läppen und Polieren herzustellen,
5. planoptische Bauteile zu reinigen,
6. planoptische Bauteile durch Messen auf Eigenschaften und Abweichungen auftragsbezogen zu prüfen,
7. bei Abweichungen Korrekturmaßnahmen zu ergreifen,
8. Mess- und Prüfprotokolle anzufertigen und Arbeitsergebnisse zu dokumentieren,
9. Maßnahmen zur Qualitätssicherung, Wirtschaftlichkeit und Nachhaltigkeit sowie zur Sicherheit und zum Gesundheitsschutz bei der Arbeit umzusetzen sowie
10. wesentliche fachliche Zusammenhänge aufzuzeigen und seine Vorgehensweise zu begründen.

Prüfungsinstrumente	**Prüfungszeit**
Prüfungsprodukt	7 Std.
Dokumentation mit praxisüblichen Unterlagen	
Auftragsbezogenes Fachgespräch	höchstens 20 Min.

Hinweise für die „Gestreckte Gesellen- oder Abschlussprüfung" Teil 1 (GGP/GAP 1) im Prüfungsbereich „Herstellen von planoptischen Bauteilen"

Die Durchführung von Teil 1 der „Gestreckten Gesellen- oder Abschlussprüfung" wird schwerpunktmäßig im planoptischen Bereich durchgeführt. Dabei können nachfolgende Elemente in die Prüfung mit einfließen.

Die Darstellung dieser Musterprüfung soll einen Überblick der Möglichkeiten einer „Gestreckten Gesellen- oder Abschlussprüfung" Teil 1 im kontrollierten Teil darstellen. Sie ist weder vollständig noch ist der aufgezeigte Umfang generell so geplant.

Organisatorisches

Im kontrollierten Prüfungsteil sind die für die Herstellung der Fertigteile (in der Regel Halbzeuge) sowie andere für die Umsetzung nötigen Bauteile bereitzustellen. Diese können im Zuge einer Prüfungsvorbereitung durch den Auszubildenden/die Auszubildende selbst oder durch den Betrieb hergestellt oder durch Fremdbezug bezogen werden.

Der Ausbildungsbetrieb wird ca. sechs Wochen vor dem geplanten Termin der GGP/GAP 1 über alle relevanten Unterlagen zur Durchführung der GGP/GAP 1 informiert. Es werden Informationen über die erforderlichen Halbzeuge, Maschinen und Werkzeuge sowie die benötigten Bereitstellungsteile bekannt gegeben. In der Regel können dem Ausbildungsbetrieb die Informationen, technische Zeichnungen, Betriebs-, Prüf- und Messmittellisten, Vorlagen für die Dokumentationen (z. B. Arbeitsplan, Betriebsmittelbereitstellungslisten, Prüfprotokolle) auf dem Postweg zugestellt werden bzw. sind im Internetportal der IHK-Leitkammer abrufbar.

Mögliche Prüfungsinhalte (Beispiele)

1. Herstellen von planoptischen Bauteilen, z. B. Quadern, Prismen, planparallelen Platten, Keilplatten in Kombination mit z. B. geläppten/geschliffenen Flächen.
2. Vervollständigen von Dokumentationen: z. B. Ergänzen von Arbeitsablaufplänen, Prüfprotokollen, Betriebsmittelbereitstellungslisten. (Es werden beispielsweise zehn Prüfmerkmale in einem Prüfprotokoll vorgegeben.)
3. Erstellen von Arbeitsablaufplänen für Halbzeuge sowie Fertigteilzeichnungen der zu fertigenden Bauteile.
4. Interpretieren von normgerechten, technischen Zeichnung zur Herstellung optischer Bauteile.
5. Herstellen von sphärischen Flächen, z. B. bis zu einer Rautiefe G = Rq 0,2, mit einer Abweichung der Sphäre von 0,002 n.CX auf Ø 30 mm.
6. Herstellen von geforderten Rautiefen an planen oder sphärischen Flächen mit protokolliertem Nachweis der Rauigkeit Rq (Perthometer).
7. Durchmesserbearbeitung (Rundieren).
8. Herstellen eines Verlaufsprotokolls der unterschiedlichen Prozessparameter, z. B. beim Einsatz von unterschiedlichen Schleif-, Läpp- sowie Polierfraktionen und deren erarbeiteten Abtragsraten.
9. Herstellung eines Radienläppschalensatzes für drei Läppfraktionen. Einschlifftiefe und Radienabweichung werden vorgegeben.
10. Der Schalensatz darf aus einem schleifbaren Material zusammengestellt werden, z. B. aus Glas, Glaskeramik, Granit.
11. Definieren von Form-, Lage-, Richtungs- und Ort-Toleranzen anhand ihrer technischen Dokumentation.
12. Bei Fremdbezug von Bereitstellungsteilen (Halbzeugen): Nachweis der Fertigungsmaße durch die Erstellung eines Prüfprotokolls in Form einer Wareneingangsprüfung (Prüfprotokoll, zehn Prüfmerkmale am Bereitstellungsteil).

Prüfungsbereich „Bauteilqualität und Arbeitsorganisation“	
Im Prüfungsbereich „Bauteilqualität und Arbeitsorganisation“ hat der Prüfling nachzuweisen, dass er in der Lage ist, 1. Arbeitsaufträge zu prüfen und Arbeitsschritte zu planen, 2. Werkstoffe und darauf bezogene Betriebsstoffe auftragsbezogen auszuwählen, 3. die Bereitstellung von Werkstoffen sowie von Betriebsstoffen darzustellen, 4. Anforderungen an Rohteile, Halbzeuge und Werkstücke zu erläutern, 5. Qualitätsmerkmale von Rohteilen, Halbzeugen und Werkstücken zu erläutern, 6. Mess- und Prüfmittel zur Beurteilung von planoptischen Bauteilen auszuwählen und ihren Einsatz unter Berücksichtigung von Aufbau und Funktion darzustellen, 7. die Umsetzung von Maßnahmen zur Qualitätssicherung, Wirtschaftlichkeit und Nachhaltigkeit sowie zur Sicherheit und zum Gesundheitsschutz bei der Arbeit darzustellen und 8. wesentliche fachliche Zusammenhänge aufzuzeigen und seine Vorgehensweise zu begründen.	
Prüfungsinstrument	**Prüfungszeit**
Schriftlich zu bearbeitende Aufgaben	90 Min.

Abbildung 18: Feinoptiker beim Messen einer Linse (Quelle: Carl Zeiss AG)

4.3.2 Teil 2 der Gestreckten Gesellen- oder Abschlussprüfung

Prüfungsbereich „Herstellen von optischen Baugruppen und Systemen"

Im Prüfungsbereich „Herstellen von optischen Baugruppen und Systemen" hat der Prüfling nachzuweisen, dass er in der Lage ist,

1. Arbeitsaufträge zu prüfen, Arbeitsprozesse zu planen und Arbeitsplätze einzurichten,
2. persönliche Schutzausrüstung auszuwählen und einzusetzen,
3. Werkzeuge, Maschinen und Anlagen sowie Mess- und Prüfmittel unter Berücksichtigung von Werkstoffen und Bearbeitungsverfahren auftragsbezogen auszuwählen und vorzubereiten,
4. rundoptische Bauteile aus Halbzeugen durch Schleifen, Läppen und Polieren herzustellen,
5. optische Baugruppen durch Fügen von Bauteilen herzustellen,
6. aus Bauteilen und Baugruppen durch Fügen, Justieren und Montieren optische Systeme herzustellen,
7. optische Baugruppen sowie optische Systeme zu reinigen,
8. optische Baugruppen sowie optische Systeme durch Messen auf Eigenschaften und Abweichungen auftragsbezogen zu prüfen,
9. bei Abweichungen Korrekturmaßnahmen zu ergreifen,
10. Mess- und Prüfprotokolle anzufertigen und Arbeitsergebnisse zu dokumentieren,
11. Maßnahmen zur Qualitätssicherung, Wirtschaftlichkeit und Nachhaltigkeit sowie zur Sicherheit und zum Gesundheitsschutz bei der Arbeit umzusetzen und
12. wesentliche fachliche Zusammenhänge aufzuzeigen und seine Vorgehensweise zu begründen.

Prüfungsinstrumente	Prüfungszeit*
Arbeitsaufgabe	14 Std.
Dokumentation mit praxisüblichen Unterlagen	
Situatives Fachgespräch	

* Die Prüfungszeit für die Durchführung der Arbeitsaufgabe beträgt 14 Stunden. Innerhalb dieser Zeit dauert das Situative Fachgespräch höchstens 15 Minuten.

Hinweise für die „Gestreckte Gesellen- oder Abschlussprüfung" Teil 2 (GGP/GAP 2) im Prüfungsbereich „Herstellen von optischen Baugruppen und Systemen"

Die Durchführung der „Gestreckten Gesellen- oder Abschlussprüfung" Teil 2 wird schwerpunktmäßig im rundoptischen Bereich durchgeführt. Dabei können nachfolgende Elemente in die Prüfung mit einfließen.

Die Darstellung dieser Musterprüfung soll einen Überblick der Möglichkeiten einer „Gestreckten Gesellen- oder Abschlussprüfung" Teil 2 im kontrollierten Teil darstellen. Sie ist weder vollständig noch ist der aufgezeigte Umfang generell so geplant.

Organisatorisches

Im kontrollierten Prüfungsteil sind die für die Herstellung der Fertigteile (in der Regel Halbzeuge) sowie andere für die Umsetzung nötigen Bauteile bereitzustellen. Diese können im Zuge einer Prüfungsvorbereitung durch den Auszubildenden/die Auszubildende selbst oder durch den Betrieb hergestellt oder durch Fremdbezug bezogen werden.

Der Ausbildungsbetrieb wird ca. acht Wochen vor dem geplanten Termin der GGP/GAP 2 über alle relevanten Unterlagen zur Durchführung der GGP/GAP 2 informiert. Es werden Informationen über die erforderlichen Halbzeuge, Maschinen und Werkzeuge sowie die benötigten Bereitstellungsteile bekannt gegeben. In der Regel können dem Ausbildungsbetrieb die Informationen, technische Zeichnungen, Betriebs-, Prüf- und Messmittellisten, Vorlagen für die Dokumentationen (z. B. Arbeitsplan, Betriebsmittelbereitstellungslisten, Prüfprotokolle) auf dem Postweg zugestellt werden bzw. sind im Internetportal der IHK-Leitkammer abrufbar.

Mögliche Prüfungsinhalte (Beispiele)

1. Herstellen von rundoptischen Bauteilen wie Linsen, Rundlinge, z. B. durch Läppen, Schleifen und Polieren.
2. Vervollständigen von planoptischen Bauteilen in Bezug z. B. auf Abmessungen, konstruktionsbedingte Anschliffe und Fasen, Dicke und Lagen von Nicht-Funktionsflächen.
3. Bearbeiten von Mehrfachtragkörpern (MTK).
4. Erstellen von Hilfsbauteilen für die Montage von optischen Baugruppen und Systemen.
5. Bearbeiten von geläppten bzw. geschliffenen Flächen bis zu einem definierten Oberflächenrauigkeitsprofil, z. B. Nachweis mittels eines Rauheitsprüfgeräts/Perthometers.
6. Zentrieren oder Rundieren von gefertigten Linsen auf Enddurchmesser.
7. Fügen: Kitten von prozessbedingten, lösbaren Verbindungen.
8. Fügen: Feinkitten und Justieren von optischen Funktionsflächen zu optischen Baugruppen sowie zu nicht lösbaren Verbindungen.
9. Montieren und Justieren von optischen Bauteilen, Baugruppen zu Systemen in Verbindung mit mechanischen Bauteilen.
10. Erstellen von Dokumentationen, z. B. Arbeitspläne, Prüfprotokolle, Montageablaufpläne.
11. Interpretieren von Prüfprotokollen und Mängellisten.

Übersicht zu einer Musterprüfung im Prüfungsbereich „Herstellen von optischen Baugruppen und Systemen"

Bereitstellungsteile durch den Ausbildungsbetrieb zur Prüfung

1. 1 x Bereitstellungsteile: Montagesatz, Vorrichtungen, siehe 3D-Modell
2. 1 x Bereitstellungsteil: Lichtquelle
3. 1 x Bereitstellungsteil: F-Blende
4. 1 x Bereitstellungsteil: Bauteil 1
5. 1 x Bereitstellungsteil: Bauteil 2
6. 1 x Bereitstellungsteil: Bauteil 3
7. 7 x Bereitstellungsteile: Bauteil 4
8. 1 x Bereitstellungsteil: Bauteil 5
9. 1 x Bereitstellungsteil: Mattscheibe

Arbeitsumfang im kontrollierten Prüfungsteil

Dokumentationen anfertigen (geplante Umsetzungszeit ca. 1,5 Std.)

- Arbeitspläne, Prüfprotokolle, Montageablaufplan

Bauteil 1: Kondensor (1,5 Std.)

- Ausgangsteil: Bereitstellungsteil: Plankonvexe Linse – Planfläche poliert
- Fertigteil: Radius polieren Anforderung 3/5 (1)
- Bewertung Oberflächenformtoleranz, allgemeine Sauberkeit, Oberflächenunvollkommenheiten, Oberflächenbeschaffenheit, Mittendicke

Bauteil 2: Plankonkave Linse (3 Std.)

- Ausgangsteil: Bereitstellungsteil: Planzylinder; Planfläche poliert
- Fertigteil: Radius schleifen oder läppen und polieren – Anforderung 3/1 (0,4)
- Zentrieren (Durchmesserbearbeitung), (Rundieren auf Enddurchmesser)
- Bewertung: Durchmesser, Oberflächenformtoleranz, allgemeine Sauberkeit, Oberflächenunvollkommenheiten, Oberflächenbeschaffenheit, Mittendicke, Zentriertoleranzen, Außendurchmesser

Bauteil 3: Plankonvexe Linse (2 Std.)

- Ausgangsteil: Bereitstellungsteil: Plankonvexe Linse – Planfläche poliert
- Radienfläche polieren – Anforderung 3/1 (0,4)
- Bewertung: Oberflächenformtoleranz, allgemeine Sauberkeit, Oberflächenunvollkommenheiten, Oberflächenbeschaffenheit, Mittendicke

Bauteil 4: Halteplatte (3 Std.)

- Ausgangsteil: Bereitstellungsteil: Planzylinder einseitig poliert
- Fertigteil: Mehrfachtragkörperfertigung (eventuell Ansprengen); Planfläche, Seite 2 läppen und polieren – Anforderung auf das Bauteil 3/1 (0,4)
- Bewertung Dicke und Parallelität; konstruktive Fase, Bewertung Oberflächenform im Vergleich Rand-Mitte, Abstände nach Belegungsplan, Parallelität

Bauteil 5: Prisma (1,5 Std.)

- Ausgangsteil: Bereitstellungsteil: optisch funktionale Flächen fertig
- Basisflächen überarbeiten (Maß, Parallelität, Ebenheit, Rauheit)
- Konstruktionsfasen anschleifen
- Bewertung: Fase, Ebenheit, Rauheit, ...

Montageauftrag (1,5 Std.)

- Fügen: Baugruppe 1: Fertigteil Bauteil 2 und Bauteil 3
- Fügen: Baugruppe 2: Fertigteil Bauteil 4/1 und Bauteil 5
- Montage: zu einem optischen System, Funktionsprüfung
- Bewertung: allgemeine Sauberkeit, Zentrizitäten, Positionen, Oberflächenbeschaffenheit, Mittendicke

Weitere integrierte Tätigkeiten

- Kitten, Feinkitten, Reinigen, Messen und Prüfen, Protokollieren
- Situatives Fachgespräch

Prüfungsbereich „Fertigungstechnik"

Im Prüfungsbereich „Fertigungstechnik" hat der Prüfling nachzuweisen, dass er in der Lage ist,

1. technische Zeichnungen und Unterlagen zu erstellen und zu lesen,
2. Material- und Stücklisten zu erstellen,
3. Werkzeuge, Maschinen und Anlagen unter Berücksichtigung deren Aufbaus und Funktion sowie Fertigungsverfahren auszuwählen und die Antwort zu begründen,
4. das Durchführen von Reinigungsverfahren zu beschreiben,
5. Mess- und Prüfmittel zur Beurteilung von optischen Baugruppen sowie optischen Systemen aufgabenbezogen auszuwählen und den Einsatz von Mess- und Prüfmitteln unter Berücksichtigung von Aufbau und Funktion darzustellen,
6. Verfahren zur Beschichtung von Oberflächen darzustellen,
7. die Überwachung, Steuerung und Optimierung von Fertigungsprozessen auf der Grundlage von prozess- und produktbezogenen Daten zu beschreiben,
8. Verfahren zur Bearbeitung von Metallen und Kunststoffen zu beschreiben,
9. die Umsetzung von Maßnahmen zur Qualitätssicherung, Wirtschaftlichkeit und Nachhaltigkeit sowie zur Sicherheit und zum Gesundheitsschutz bei der Arbeit darzustellen sowie
10. wesentliche fachliche Zusammenhänge aufzuzeigen und seine Vorgehensweise zu begründen.

Prüfungsinstrument	Prüfungszeit
Schriftlich zu bearbeitende Aufgaben	180 Min.

Prüfungsbereich „Wirtschafts- und Sozialkunde"

Im Prüfungsbereich „Wirtschafts- und Sozialkunde" hat der Prüfling nachzuweisen, dass er in der Lage ist, allgemeine wirtschaftliche und gesellschaftliche Zusammenhänge der Berufs- und Arbeitswelt darzustellen und zu beurteilen.

Prüfungsinstrument	Prüfungszeit
Schriftlich zu bearbeitende Aufgaben	60 Min.

4.4 Beispiele für Prüfungsaufgaben

Hochmoderne optische Systeme haben asphärische Linsen verbaut.

a) Was versteht man unter dem Begriff „Asphäre“?
b) Nennen Sie zwei Vorteile und zwei Nachteile einer asphärischen gegenüber einer sphärischen Fläche.
c) Erklären Sie auch mithilfe einer Skizze, wie eine Asphäre hergestellt wird.
d) Geben Sie zwei Prüfgeräte für geschliffene asphärische Flächen an.

Prisma und Linsen bestehen aus dem Werkstoff Glas, welcher herausragende Eigenschaften aufweist.

a) Nennen Sie die Rohstoffe der Glasherstellung und je eine Aufgabe.
b) Erklären Sie den nachfolgenden Glascode 517642.251 von N-BK7.
c) Nennen sie den nicht ordnungsgemäß durchgeführten Schritt bei der Schmelze, wenn beim Prüfen der Oberfläche zwei Blasen festgestellt werden.
d) Nennen Sie zwei Auswirkungen von Blasen im Strahlengang.

Die Prismen müssen während der Fertigung poliert werden, um die erforderlichen Rauigkeitswerte zu erreichen.

a) Vergleichen Sie die Poliermittelträger Pech, Polyurethan, Filz und Tuch hinsichtlich Justierbarkeit, Oberflächenunvollkommenheiten, Oberflächenformabweichung.
b) Nennen Sie drei Aufgaben eines Poliermittelträgers.
c) Nennen Sie drei Poliermittel nach ihrer chemischen Zusammensetzung.
d) Geben Sie zwei Anforderungen an eine polierfähige Fläche an.

Sie erhalten den Auftrag, ein Prisma im ersten Verfahrensschritt zu schleifen.

a) Definieren Sie das Fertigungsverfahren Schleifen.
b) Vergleichen Sie das Verfahren Schleifen mit dem Verfahren Läppen und Polieren. Nennen Sie jeweils zwei Gemeinsamkeiten und zwei Unterschiede.
c) Sie schleifen die Bauteile mit folgendem Werkzeug: RF-50-D76-BZM-C50. Erläutern Sie diese Angaben ausführlich.
d) Berechnen Sie die Schnittgeschwindigkeit in m/s bei einer Drehzahl von 8000 1/min und einem Werkzeugdurchmesser von 70 mm.

5 Weiterführende Informationen

5.1 Hinweise und Begriffserläuterungen

Ausbildereignung

Die novellierte Ausbilder-Eignungsverordnung (AEVO) vom 21. Januar 2009 [https://www.leando.de/artikel/ausbilder-eignungsverordnung-aevo] legt die wichtigsten Aufgaben für die Ausbilder und Ausbilderinnen fest: Sie sollen beurteilen können, ob im Betrieb die Voraussetzungen für eine gute Ausbildung erfüllt sind, sie sollen bei der Einstellung von Auszubildenden mitwirken und die Ausbildung im Betrieb vorbereiten. Um die Auszubildenden zu einem erfolgreichen Abschluss zu führen, sollen sie auf individuelle Anliegen eingehen und mögliche Konflikte frühzeitig lösen. In der neuen Verordnung wurde die Zahl der Handlungsfelder von sieben auf vier komprimiert, wobei die Inhalte weitgehend erhalten bzw. modernisiert und um neue Inhalte ergänzt wurden.
Die vier Handlungsfelder gliedern sich wie folgt:

- Handlungsfeld Nr. 1 umfasst die berufs- und arbeitspädagogische Eignung, Ausbildungsvoraussetzungen zu prüfen und Ausbildung zu planen.
- Handlungsfeld Nr. 2 umfasst die berufs- und arbeitspädagogische Eignung, die Ausbildung unter Berücksichtigung organisatorischer sowie rechtlicher Aspekte vorzubereiten.
- Handlungsfeld Nr. 3 umfasst die berufs- und arbeitspädagogische Eignung, selbstständiges Lernen in berufstypischen Arbeits- und Geschäftsprozessen handlungsorientiert zu fördern.
- Handlungsfeld Nr. 4 umfasst die berufs- und arbeitspädagogische Eignung, die Ausbildung zu einem erfolgreichen Abschluss zu führen und dem/der Auszubildenden Perspektiven für seine/ihre berufliche Weiterentwicklung aufzuzeigen.

In der AEVO-Prüfung müssen aus allen Handlungsfeldern praxisbezogene Aufgaben bearbeitet werden. Vorgesehen sind eine dreistündige schriftliche Prüfung mit fallbezogenen Fragestellungen sowie eine praktische Prüfung von ca. 30 Minuten, die aus der Präsentation einer Ausbildungssituation und einem Fachgespräch besteht.
Es bleibt Aufgabe der zuständigen Stelle, darüber zu wachen, dass die persönliche und fachliche Eignung der Ausbilder/-innen, der Ausbildenden sowie des ausbildenden Betriebes vorliegt (§ 32 BBiG und § 23 HwO).
Unter der Verantwortung des Ausbilders oder der Ausbilderin kann bei der Berufsbildung mitwirken, wer selbst nicht Ausbilder oder Ausbilderin ist, aber abweichend von den besonderen Voraussetzungen des § 30 BBiG und § 22b HwO die für die Vermittlung von Ausbildungsinhalten erforderlichen beruflichen Fertigkeiten, Kenntnisse und Fähigkeiten besitzt und persönlich geeignet ist (§ 28 Absatz 3 BBiG und § 22 Absatz 3 HwO).

Der Nachweis der berufs- und arbeitspädagogischen Fertigkeiten, Kenntnisse und Fähigkeiten kann gesondert geregelt werden (§ 30 Absatz 5 BBiG).

Dauer der Ausbildung

Beginn und Dauer der Berufsausbildung werden im Berufsausbildungsvertrag angegeben (§ 11 Absatz 1 BBiG). Das Berufsausbildungsverhältnis endet mit dem Ablauf der Ausbildungsdauer oder bei Bestehen der Abschluss- oder Gesellenprüfung mit der Bekanntgabe des Ergebnisses durch den Prüfungsausschuss (§ 21 Absatz 1 und 2 BBiG). BBiG und HwO enthalten Regelungen zur Flexibilisierung der Ausbildungszeit, damit individuelle Bedürfnisse der Auszubildenden in der Berufsausbildung berücksichtigt werden können. In der Empfehlung Nr. 129 des BIBB-Hauptausschusses finden sich ergänzende Ausführungen.

Regelungen zur Flexibilisierung:

Anrechnung beruflicher Vorbildung auf die Ausbildungsdauer

§ „Die Landesregierungen können nach Anhörung des Landesausschusses für Berufsbildung durch Rechtsverordnung bestimmen, dass der Besuch eines Bildungsganges berufsbildender Schulen oder die Berufsausbildung in einer sonstigen Einrichtung ganz oder teilweise auf die Ausbildungsdauer angerechnet wird. Die Ermächtigung kann durch Rechtsverordnung auf oberste Landesbehörden weiter übertragen werden." (§ 7 Absatz 1 BBiG, § 27a Absatz 1 HwO)

§ „Die Anrechnung nach Absatz 1 bedarf des gemeinsamen Antrags der Auszubildenden und Ausbildenden. Der Antrag ist an die zuständige Stelle zu richten. Er kann sich auf Teile des höchstzulässigen Anrechnungszeitraums beschränken." (§ 7 Absatz 3 BBiG)

Teilzeitberufsausbildung, Verkürzung der Ausbildungsdauer

§ „Die Berufsausbildung kann in Teilzeit durchgeführt werden. Im Berufsausbildungsvertrag ist für die gesamte Ausbildungszeit oder für einen bestimmten Zeitraum der Berufsausbildung die Verkürzung der täglichen oder wöchentlichen Ausbildungszeit zu vereinbaren. Die Kürzung der täglichen oder wöchentlichen Ausbildungszeit darf nicht mehr als 50 Prozent betragen" (§ 7a Absatz 1 BBiG, 27b Absatz 1 HwO)

§ „Auf gemeinsamen Antrag der Lehrlinge (Auszubildenden) und der Ausbildenden hat die zuständige Stelle die Ausbildungsdauer zu kürzen, wenn zu erwarten ist, dass das Ausbildungsziel in der gekürzten Dauer erreicht wird." (§ 8 Absatz 1 BBiG, § 27c Absatz 1 HwO)

Vorzeitige Zulassung zur Abschlussprüfung in besonderen Fällen

§ „Auszubildende können nach Anhörung der Ausbildenden und der Berufsschule vor Ablauf ihrer Ausbildungsdauer zur Abschlussprüfung zugelassen werden, wenn ihre Leistungen dies rechtfertigen." (§ 45 Absatz 1 BBiG)

Vorzeitige Zulassung zur Gesellenprüfung in besonderen Fällen

§ „Der Lehrling (Auszubildende) kann nach Anhörung des Ausbildenden und der Berufsschule vor Ablauf seiner Ausbildungszeit zur Gesellenprüfung zugelassen werden, wenn seine Leistungen dies rechtfertigen." (§ 37 Absatz 1 HwO)

Verlängerung der Ausbildungsdauer

§ „In Ausnahmefällen kann die zuständige Stelle auf Antrag Auszubildender die Ausbildungsdauer verlängern, wenn die Verlängerung erforderlich ist, um das Ausbildungsziel zu erreichen. Vor der Entscheidung über die Verlängerung sind die Ausbildenden zu hören." (§ 8 Absatz 2 BBiG)

§ „In Ausnahmefällen kann die Handwerkskammer auf Antrag des Lehrlings (Auszubildenden) die Ausbildungsdauer verlängern, wenn die Verlängerung erforderlich ist, um das Ausbildungsziel zu erreichen. Vor der Entscheidung nach Satz 1 ist der Ausbildende zu hören." (§ 27c Absatz 2 HwO)

§ „Bestehen Auszubildende die Abschlussprüfung nicht, so verlängert sich das Berufsausbildungsverhältnis auf ihr Verlangen bis zur nächstmöglichen Wiederholungsprüfung, höchstens um ein Jahr." (§ 21 Absatz 3 BBiG)[10]

Deutscher Qualifikationsrahmen (DQR)

Im Oktober 2006 verständigten sich das Bundesministerium für Bildung und Forschung (BMBF) und die Kultusministerkonferenz (KMK) darauf, gemeinsam einen Deutschen Qualifikationsrahmen[11] (DQR) für lebenslanges Lernen zu entwickeln. Ziel des DQR ist es, das deutsche Qualifikationssystem mit seinen Bildungsbereichen (Allgemeinbildung, berufliche Bildung, Hochschulbildung) transparenter zu machen, Verlässlichkeit, Durchlässigkeit und Qualitätssicherung zu unterstützen und die Vergleichbarkeit von Qualifikationen zu erhöhen.

Unter Einbeziehung der relevanten Akteure wurde in den folgenden Jahren der Deutsche Qualifikationsrahmen entwickelt, erprobt, überarbeitet und schließlich im Mai 2013 verabschiedet. Er bildet die Voraussetzung für die Umsetzung des Europäischen Qualifikationsrahmens (EQR), der die Transparenz und Vergleichbarkeit von Qualifikationen, die Mobilität und das lebenslange Lernen in Europa fördern soll.

Der DQR weist acht Niveaus auf, denen formale Qualifikationen der Allgemeinbildung, der Hochschulbildung und der beruflichen Bildung – jeweils einschließlich der Weiterbildung – zugeordnet werden sollen. Die acht Niveaus werden anhand der Kompetenzkategorien „Fachkompetenz" und „personale Kompetenz" beschrieben.

In einem Spitzengespräch am 31. Januar 2012 haben sich Bund, Länder, Sozialpartner und Wirtschaftsorganisationen auf eine gemeinsame Position zur Umsetzung des Deutschen Qualifikationsrahmens geeinigt; demnach werden die zweijährigen Berufe des dualen Systems dem Niveau 3, die dreijährigen und dreieinhalbjährigen Berufe dem Niveau 4 zugeordnet.

Die Zuordnung wird in den Europass-Zeugniserläuterungen [https://www.bibb.de/de/659.php] und im Europass [https://www.europass-info.de] sowie im Verzeichnis der anerkannten Ausbildungsberufe ausgewiesen [https://www.bibb.de/de/65925.php].

10 Urteil BAG vom 15.03.2000, Az. 5 AZR 74/99.

11 Umfangreiche Informationen zum Deutschen Qualifikationsrahmen [https://www.dqr.de]

Abbildung 19: Die Niveaus des DQR (Quelle: BIBB)

Eignung der Ausbildungsstätte

§ „Auszubildende dürfen nur eingestellt und ausgebildet werden, wenn

1. die Ausbildungsstätte nach Art und Einrichtung für die Berufsausbildung geeignet ist und
2. die Zahl der Auszubildenden in einem angemessenen Verhältnis zur Zahl der Ausbildungsplätze oder zur Zahl der beschäftigten Fachkräfte steht, es sei denn, dass anderenfalls die Berufsausbildung nicht gefährdet wird." (§ 27 Absatz 1 BBiG und § 21 Absatz 1 HwO)

Die Eignung der Ausbildungsstätte ist in der Regel vorhanden, wenn dort die in der Ausbildungsordnung vorgeschriebenen beruflichen Fertigkeiten, Kenntnisse und Fähigkeiten in vollem Umfang vermittelt werden können. Betriebe sollten sich vor Ausbildungsbeginn bei den zuständigen Steuerberaterkammern über Ausbildungsmöglichkeiten erkundigen. Was z. B. ein kleinerer Betrieb nicht abdecken kann, darf auch durch Ausbildungsmaßnahmen außerhalb der Ausbildungsstätte (z. B. in überbetrieblichen Einrichtungen) vermittelt werden. Möglich ist auch der Zusammenschluss mehrerer Betriebe im Rahmen einer Verbundausbildung.

Lernmobilität von Auszubildenden – Teilausbildung im Ausland

Eine Chance, den Prozess der internationalen Vernetzung von Branchen und beruflichen Aktivitäten selbst aktiv mitzugestalten, ist im Berufsbildungsgesetz beschrieben:

§ „Teile der Berufsausbildung können im Ausland durchgeführt werden, wenn dies dem Ausbildungsziel dient. Ihre Gesamtdauer soll ein Viertel der in der Ausbildungsordnung festgelegten Ausbildungsdauer nicht überschreiten." (§ 2 Absatz 3 BBiG)

In immer mehr Berufen bekommt der Erwerb von internationalen Kompetenzen und Auslandserfahrung eine zunehmend große Bedeutung. Im weltweiten Wettbewerb benötigt die Wirtschaft qualifizierte Fachkräfte, die über internationale Erfahrungen, Fremdsprachenkenntnisse und Schlüsselqualifikationen, z. B. Teamfähigkeit, interkulturelles Verständnis und Belastbarkeit, verfügen. Auch die Auszubildenden selbst haben durch Auslandserfahrung und interkulturelle Kompetenzen bessere Chancen auf dem Arbeitsmarkt.
Auslandsaufenthalte in der beruflichen Bildung stellen eine hervorragende Möglichkeit dar, solche Kompetenzen zu er-

werben. Sie sind als Bestandteil der Ausbildung nach dem BBiG anerkannt; das Ausbildungsverhältnis mit all seinen Rechten und Pflichten (Ausbildungsvergütung, Versicherungsschutz, Führen des Ausbildungsnachweises etc.) besteht weiter. Der Lernort liegt für diese Zeit im Ausland. Dies wird entweder bereits bei Abschluss des Ausbildungsvertrages berücksichtigt und gemäß § 11 Absatz 1 Nr. 3 BBiG in die Vertragsniederschrift aufgenommen oder im Verlauf der Ausbildung vereinbart und dann im Vertrag entsprechend verändert. Wichtig ist: Mit der ausländischen Partnereinrichtung werden die zu vermittelnden Inhalte vorab verbindlich festgelegt. Diese orientieren sich an den Inhalten der deutschen Ausbildungsordnung.
Solche internationalen Ausbildungsabschnitte werden finanziell und organisatorisch unterstützt. Aufenthalte in Europa unterstützt das Mobilitätsprogramm „Erasmus+" der Europäischen Union [https://www.erasmusplus.de]. Es trägt dazu bei, einen europäischen Bildungsraum und Arbeitsmarkt zu gestalten. Internationale Lernaufenthalte fördert das nationale Programm „AusbildungWeltweit" des Bundesministeriums für Bildung und Forschung [https://www.ausbildung-weltweit.de]. In Deutschland ist die Nationale Agentur beim Bundesinstitut für Berufsbildung (NA beim BIBB) [https://www.na-bibb.de] die koordinierende Stelle beider Förderprogramme.
Diese organisierten Lernaufenthalte im Ausland sind in der Gestaltung flexibel und werden dem Bedarf der Organisatoren entsprechend inhaltlich gestaltet. Im Rahmen der Ausbildung können anerkannte Bestandteile der Ausbildung oder sogar gesamte Ausbildungsabschnitte am ausländischen Lernort absolviert werden.

Weitere Informationen:

- Service-Portal für Ausbildende [https://www.auslandsberatung-ausbildung.de]

Musterprüfungsordnung für die Durchführung von Abschluss- und Gesellenprüfungen

Die zuständigen Stellen erlassen nach den §§ 47 und 62 des Berufsbildungsgesetzes (BBiG) und §§ 38 und 42 der Handwerksordnung (HwO) entsprechende Prüfungsordnungen. Die Musterprüfungsordnungen sind als Richtschnur dafür gedacht, dass sich diese Prüfungsordnungen in wichtigen Fragen nicht unterscheiden und es dadurch bei gleichen Sachverhalten nicht zu unterschiedlichen Entscheidungen kommt. Eine Verpflichtung zur Übernahme besteht jedoch nicht.

Weitere Informationen:

- Musterprüfungsordnung für die Durchführung von Abschluss- und Umschulungsprüfungen (Empfehlung Nr. 120 des BIBB-Hauptausschusses) [https://www.bibb.de/dokumente/pdf/HA120.pdf]
- Musterprüfungsordnung für die Durchführung von Gesellen- und Umschulungsprüfungen (Empfehlung Nr. 121 des BIBB-Hauptausschusses) [https://www.bibb.de/dokumente/pdf/HA121.pdf]

Portal für Ausbildungs- und Prüfungspersonal

Das Internetportal leando.de des BIBB wendet sich an betriebliches Ausbildungspersonal sowie ehrenamtlich tätige Prüfer/-innen und dient der Information, Vernetzung und Qualifizierung. Neben aktuellen Nachrichten rund um die Ausbildungs- und Prüfungspraxis und das Tätigkeitsfeld des Ausbildungs- und Prüfungspersonals bietet das Portal vertiefte crossmedial aufbereitete Informationen, digitale Tools für die Ausbildungspraxis und Qualifizierungsangebote zur Bewältigung zentraler Anforderungen an die Gestaltung der Berufsausbildungspraxis. Ergänzt wird Leando durch einen zeitgemäßen Community-Bereich, der dem digitalen Erfahrungsaustausch und der Vernetzung mit anderen Ausbildern und Ausbilderinnen, ehrenamtlichen Prüfern und Prüferinnen sowie Experten und Expertinnen der Berufsbildung dient.

Prüfungsausschuss

Für die Durchführung der Prüfungen werden von der zuständigen Stelle Prüfungsausschüsse errichtet. Sie führen die Prüfungen durch und bewerten die Leistungen.
Ein Prüfungsausschuss besteht grundsätzlich aus drei Mitgliedern (§ 40 BBiG bzw. § 34 HwO):

- Beauftragte der Arbeitnehmer,
- Beauftragte der Arbeitgeber und
- mindestens eine Lehrkraft einer berufsbildenden Schule.

Die Zahl der Beauftragten der Arbeitgeber und Arbeitnehmer muss immer gleich sein. Mehrere zuständige Stellen können auch beschließen, einen gemeinsamen Prüfungsausschuss zu errichten (§ 39 BBiG bzw. § 33 HwO). Die Prüfer/-innen müssen für die Prüfungsgebiete sachkundig und für die Mitwirkung im Prüfungswesen geeignet sein und sind ehrenamtlich tätig. Die Mitglieder werden von der zuständigen Stelle längstens für fünf Jahre berufen (§ 40 BBiG bzw. § 34 HwO). Im Handwerk können die Kammern auch die Handwerksinnungen ermächtigen, Prüfungsausschüsse zu errichten (§ 33 HwO).

Überbetriebliche Ausbildung und Ausbildungsverbünde

Sind Ausbildungsbetriebe in ihrer Ausrichtung zu spezialisiert oder zu klein, um alle vorgegebenen Ausbildungsinhalte abdecken zu können sowie die sachlichen und personellen Ausbildungsvoraussetzungen sicherzustellen, gibt es Möglichkeiten, diese durch Ausbildungsmaßnahmen außerhalb des Ausbildungsbetriebes auszugleichen.

> § „Eine Ausbildungsstätte, in der die erforderlichen beruflichen Fertigkeiten, Kenntnisse und Fähigkeiten nicht im vollen Umfang vermittelt werden können, gilt als geeignet, wenn diese durch Ausbildungsmaßnahmen außerhalb der Ausbildungsstätte vermittelt werden." (§ 27 Absatz 2 BBiG, § 21 Absatz 2 HwO)

Hierzu gehören folgende Ausbildungsmaßnahmen:

Überbetriebliche Unterweisung im Handwerk

Die überbetriebliche Unterweisung (ÜLU, ÜBA) ist ein wichtiger Baustein im dualen System der Berufsbildung in Deutschland. Sie sichert die gleichmäßig hohe Qualität der Ausbildung jedes Berufes im Handwerk, unabhängig von der Ausbildungsleistungsfähigkeit des einzelnen Handwerksbetriebes.
Inhalte und Dauer der überbetrieblichen Unterweisung werden gemeinsam von den Bundesfachverbänden und dem Heinz-Piest-Institut für Handwerkstechnik (HPI) [https://hpi-hannover.de/gewerbefoerderung/unterweisungsplaene.php] der Leibniz-Universität Hannover festgelegt.
Die Anerkennung erfolgt über das Bundesministerium für Wirtschaft und Energie bzw. über die zuständigen Landesministerien.
Die überbetrieblichen Ausbildungszeiten sind Teile der betrieblichen Ausbildungszeit.
Die Ausbildung in überbetrieblichen Ausbildungsstätten [https://www.bibb.de/de/741.php] umfasst:

- Anpassung an technische Entwicklungen und vergleichende Arbeitstechniken,
- Vermittlung und Vertiefung von Fertigkeiten, Kenntnissen und Fähigkeiten in einer planmäßig und systematisch aufgebauten Art und Weise,
- Vermittlung und Vertiefung von Fertigkeiten, Kenntnissen und Fähigkeiten, die vom Ausbildungsbetrieb nur in einem eingeschränkten Umfang abgedeckt werden.

Ausbildungsverbund

> § „Zur Erfüllung der vertraglichen Verpflichtungen der Ausbildenden können mehrere natürliche oder juristische Personen in einem Ausbildungsverbund zusammenwirken, soweit die Verantwortlichkeit für die einzelnen Ausbildungsabschnitte sowie für die Ausbildungszeit insgesamt sichergestellt ist (Verbundausbildung)." (§ 10 Absatz 5 BBiG)

Ein Ausbildungsverbund liegt vor, wenn verschiedene Betriebe sich zusammenschließen, um die Berufsausbildung gemeinsam zu planen und arbeitsteilig durchzuführen. Die Auszubildenden absolvieren dann bestimmte Teile ihrer Ausbildung nicht im Ausbildungsbetrieb, sondern in einem oder mehreren Partnerbetrieben.
In der Praxis haben sich vier Varianten von Ausbildungsverbünden, auch in Mischformen, herausgebildet:

- Leitbetrieb mit Partnerbetrieben,
- Konsortium von Ausbildungsbetrieben,
- betrieblicher Ausbildungsverein,
- betriebliche Auftragsausbildung.

Folgende rechtliche Bedingungen sind bei einem Ausbildungsverbund zu beachten:

- Der Ausbildungsbetrieb, in dessen Verantwortung die Ausbildung durchgeführt wird, muss den überwiegenden Teil des Ausbildungsberufsbildes abdecken.
- Der/die Ausbildende kann Bestimmungen zur Übernahme von Teilen der Ausbildung nur dann abschließen, wenn er/sie gewährleistet, dass die Qualität der Ausbildung in der anderen Ausbildungsstätte ebenfalls gesichert ist.
- Der Ausbildungsbetrieb muss auf die Bestellung des Ausbilders/der Ausbilderin Einfluss nehmen können.
- Der/die Ausbildende muss über den Verlauf der Ausbildung informiert werden und gegenüber dem Ausbilder/der Ausbilderin eine Weisungsbefugnis haben.
- Der Berufsausbildungsvertrag darf keine Beschränkungen der gesetzlichen Rechte und Pflichten von Ausbildenden und Auszubildenden enthalten. Die Vereinbarungen der Partnerbetriebe betreffen nur deren Verhältnis untereinander.
- Im betrieblichen Ausbildungsplan muss grundsätzlich angegeben werden, welche Ausbildungsinhalte zu welchem Zeitpunkt in welcher Ausbildungsstätte (Verbundbetrieb) vermittelt werden.

Weitere Informationen:

- Ausbildungsstrukturprogramm Jobstarter plus [https://www.jobstarter.de]
- Flyer zu den vier Modellen der Verbundausbildung [https://www.bmbf.de/SharedDocs/Publikationen/de/bmbf/3/31671_Gemeinsam_mit_Partnern_ausbilden.pdf?__blob=publicationFile&v=2]

Zeugnisse

Prüfungszeugnis

Die Musterprüfungsordnung schreibt in § 27 zum Prüfungszeugnis: „Über die Prüfung erhält der Prüfling von der für die Prüfungsabnahme zuständigen Stelle ein Zeugnis (§ 37 Absatz 2 BBiG; § 31 Absatz 2 HwO). Der von der zuständigen Stelle vorgeschriebene Vordruck ist zu verwenden."
Danach muss das Prüfungszeugnis Folgendes enthalten:

- die Bezeichnung „Prüfungszeugnis nach § 37 Absatz 2 BBiG“ oder „Prüfungszeugnis nach § 62 Absatz 3 BBiG in Verbindung mit § 37 Absatz 2 BBiG“,
- die Personalien des Prüflings (Name, Vorname, Geburtsdatum),
- die Bezeichnung des Ausbildungsberufs,
- die Ergebnisse (Punkte) der Prüfungsbereiche und das Gesamtergebnis (Note),
- das Datum des Bestehens der Prüfung,
- die Namenswiedergaben (Faksimile) oder Unterschriften des Vorsitzes des Prüfungsausschusses und der beauftragten Person der für die Prüfungsabnahme zuständigen Körperschaft mit Siegel.

§ „Dem Zeugnis ist auf Antrag des Auszubildenden eine englischsprachige und eine französischsprachige Übersetzung beizufügen. Auf Antrag des Auszubildenden ist das Ergebnis berufsschulischer Leistungsfeststellungen auf dem Zeugnis auszuweisen. Der Auszubildende hat den Nachweis der berufsschulischen Leistungsfeststellung dem Antrag beizufügen.“ (§ 37 Absatz 3 BBiG)

Zeugnis der Berufsschule

In diesem Zeugnis sind die Leistungen, die die Auszubildenden in der Berufsschule erbracht haben, dokumentiert.

Ausbildungszeugnis

Ein Ausbildungszeugnis enthält alle Angaben, die für die Beurteilung eines/einer Auszubildenden von Bedeutung sind. Gemäß § 16 BBiG ist ein schriftliches Ausbildungszeugnis bei Beendigung des Berufsausbildungsverhältnisses, am Ende der regulären Ausbildung, durch Kündigung oder aus sonstigen Gründen auszustellen. Das Zeugnis muss Angaben über Art, Dauer und Ziel der Berufsausbildung sowie über die erworbenen beruflichen Fertigkeiten, Kenntnisse und Fähigkeiten der Auszubildenden enthalten. Auf Verlangen Auszubildender sind zudem auch Angaben über deren Verhalten und Leistung aufzunehmen. Diese sind vollständig und wahr zu formulieren. Da ein Ausbildungszeugnis Auszubildende auf ihrem weiteren beruflichen Lebensweg begleiten wird, ist es darüber hinaus auch wohlwollend zu formulieren. Es soll zukünftigen Arbeitgebern ein klares Bild über die Person vermitteln. Unterschieden wird zwischen einem einfachen und einem qualifizierten Zeugnis.

Einfaches Zeugnis

Das einfache Zeugnis enthält Angaben über Art, Dauer und Ziel der Berufsausbildung. Mit der Art der Ausbildung ist im vorliegenden Fall eine Ausbildung im dualen System gemeint. Bezogen auf die Dauer der Ausbildung sind Beginn und Ende der Ausbildungszeit, ggf. auch Verkürzungen zu nennen. Als Ausbildungsziel sind die Berufsbezeichnung entsprechend der Ausbildungsverordnung sowie die erworbenen Fertigkeiten, Kenntnisse und Fähigkeiten anzugeben. Außerdem sollten eventuelle Schwerpunkte, Fachrichtungen oder Zusatzqualifikationen belegt werden. Bei vorzeitiger Beendigung einer Ausbildung darf der Grund dafür nur mit Zustimmung der Auszubildenden aufgeführt werden.

Qualifiziertes Zeugnis

Das qualifizierte Zeugnis ist auf Verlangen der Auszubildenden auszustellen und enthält, über die Angaben des einfachen Zeugnisses hinausgehend, weitere Angaben zum Verhalten wie Zuverlässigkeit, Ehrlichkeit oder Pünktlichkeit, zu Leistungen wie Ausdauer, Fleiß oder sozialem Verhalten sowie zu besonderen fachlichen Fähigkeiten.

Europass-Zeugniserläuterungen

Die Europass-Zeugniserläuterung ist eine Ergänzung zum Abschlusszeugnis und nicht personengebunden. Sie gehört zu den fünf Europass-Dokumenten, die europaweit anerkannt sind und die Transparenz von Qualifikationen und Kompetenzen ermöglichen. Das Dokument enthält Hinweise zu Dauer, Art und Niveau der Ausbildung, erklärt die Inhalte des Berufs und zeigt, in welchen Bereichen jemand nach Abschluss der jeweiligen Ausbildung arbeiten kann. Angegeben wird auch das Niveau des Abschlusses innerhalb des deutschen Bildungssystems und die nächste Ausbildungsstufe sowie die Einstufung des Abschlusses nach dem Europäischen Qualifikationsrahmen. Die Zeugniserläuterungen stehen für jeden anerkannten Ausbildungsberuf auf Deutsch, Englisch und Französisch zum Download zur Verfügung [https://www.bibb.de/dienst/berufesuche/de/index_berufesuche.php].

Weitere Informationen:

- Nationales Europass Center (NEC) [https://www.europass-info.de]

Zuständige Stellen

Zuständige Stellen für die Berufsbildung sind nach § 71 BBiG:

- Handwerkskammern in Berufen der Handwerksordnung,
- Industrie- und Handelskammern in nichthandwerklichen Gewerbeberufen,
- Landwirtschaftskammern in Berufen der Landwirtschaft,
- Rechtsanwalts-, Patentanwalts-, Notarkammern und Notarkassen für Fachangestellte im Bereich der Rechtspflege,
- Wirtschaftsprüfer- und Steuerberaterkammern für Fachangestellte im Bereich der Wirtschaftsprüfung und Steuerberatung sowie
- Ärzte-, Zahnärzte-, Tierärzte- und Apothekerkammern für Fachangestellte im Bereich der Gesundheitsdienstberufe.

Wenn für einzelne Berufsbereiche keine Kammern bestehen, bestimmt das Land die zuständige Stelle.
Die zuständigen Stellen führen ein Verzeichnis der Berufsausbildungsverhältnisse (§ 34 BBiG), in das die zwischen Ausbildungsbetrieb und Auszubildenden geschlossenen Ausbildungsverträge eingetragen werden.
Die zuständige Stelle hat die Aufgabe, die Durchführung der Berufsausbildungsvorbereitung, der Berufsausbildung und der Umschulung zu überwachen und zu fördern (§ 76 BBiG). Ausbildungsberater/-innen der zuständigen Stellen informieren und beraten rund um die Ausbildung und prüfen auch die Eignung der Ausbildungsbetriebe. Die Kontaktdaten der Berater/-innen finden sich in der Regel auf den jeweiligen Webseiten der zuständigen Stellen.
Die zuständigen Stellen richten einen Berufsbildungsausschuss ein. Ihm gehören sechs Beauftragte der Arbeitgeberseite, sechs Beauftragte der Arbeitnehmerseite und sechs Lehrkräfte berufsbildender Schulen an (§ 77 BBiG). Der Berufsbildungsausschuss muss in allen wichtigen Angelegenheiten der beruflichen Bildung unterrichtet und gehört werden. Er beschließt Rechtsvorschriften zur Durchführung der beruflichen Bildung, z. B. Prüfungsordnungen (§ 79 BBiG).

Weitere Informationen:

- Alphabetische Übersicht der zuständigen Stellen [https://www.bibb.de/dienst/berufesuche/de/index_berufesuche.php/competent_bodies]
- BBiG [https://www.gesetze-im-internet.de/bbig_2005]

5.2 Fachliteratur

Bliedtner J.: Optiktechnologie – Grundlagen, Anwendungen, Beispiele, 3. überarbeitete und erweiterte Auflage, Carl Hanser Verlag GmbH & Co. KG, München 2022.

Schubert, I.: Wissensspeicher Feinoptik 17.4., Saale Betreuungswerk der Lebenshilfe Jena gGmbH, Jena 2017.

Farker, M. et al.: Werkstoffe Verfahren und Prüftechnik für Feinoptiker, OptoNet e. V., Jena 2009.

Pforte, H.: Der Optiker. Band 1 Werkstoffe, Verlag Gehlen, Bad Homburg 1997.

Pforte, H.: Der Optiker. Band 2 Theoretische Optik, Verlag Gehlen, Bad Homburg 1993.

Gräfe, G., Kuß, H., Reichelt. G.: Feinoptiker Teil 3, VEB Verlag Technik, Berlin 1980.

Roth. G.: Allgemeine Optik, Verlag der Deutschen Optikerzeitung, Heidelberg 1995.

5.3 Links

Feinoptiker/-in

Beruf im Überblick:	https://www.bibb.de/dienst/berufesuche/de/index_berufesuche.php/profile/apprenticeship/feinop23
▸ Ausbildungsordnung	
▸ Rahmenlehrplan (KMK)	
▸ Zeugniserläuterungen	

Ausbildung und Beruf

Allianz für Aus- und Weiterbildung (BMWK)	https://www.aus-und-weiterbildungsallianz.de
Alphabetische Übersicht der zuständigen Stellen	https://www.bibb.de/dienst/berufesuche/de/index_berufesuche.php/competent_bodies
Ausbildung gestalten	https://www.ausbildunggestalten.de
AusbildungPlus – Portal für duales Studium und Zusatzqualifikationen in der beruflichen Erstausbildung	https://www.bibb.de/ausbildungplus/de/index.php
Ausbildungsbetrieb werden – Handreichung für Erstausbildende	https://special-craft.de/wp-content/uploads/2021/12/Ausbildungsbetrieb_werden.pdf
Ausbildungsnachweis	https://www.bibb.de/de/141441.php
Auslandsaufenhalte in der Ausbildung	https://www.auslandsberatung-ausbildung.de
Berliner Ausbildungsqualität (BAQ)	https://ausbildungsqualitaet-berlin.de
Berufe TV (Bundesagentur für Arbeit)	https://www.berufe.tv
Betriebliche Ausbildung	https://www.bibb.de/de/137890.php
Bundesagentur für Arbeit „Berufenet"	https://berufenet.arbeitsagentur.de
Förderprogramm Jobstarter (BMBF)	https://www.jobstarter.de
Für Ausbilderinnen und Ausbilder (DIHK-Gesellschaft für berufliche Bildung)	https://www.dihk-bildungs-gmbh.de/ausbildung/fuer-ausbilder
„Ich mach's" – Kurzfilme zu Ausbildungsberufen	https://www.br.de/fernsehen/ard-alpha/sendungen/ich-machs
Innovationswettbewerb InnoVET! (BMBF)	https://www.inno-vet.de
komm, mach MINT	https://www.komm-mach-mint.de
Kooperation der Lernorte (BWP 4/2020)	https://www.bwp-zeitschrift.de/de/bwp.php/de/bwp/show/16766

leando – Portal für Ausbildungs- und Prüfungspersonal	https://leando.de
Leitfaden für ausbildende Fachkräfte	https://leando.de/landing_page/leitfaden-ausbildende-fachkraefte
Lernortkooperation in der beruflichen Bildung	https://leando.de/artikel/lernortkooperation-der-beruflichen-bildung
Stark für Ausbildung – Gute Ausbildung gibt Chancen (DIHK-Bildungs-gGmbH und ZWH)	https://www.stark-fuer-ausbildung.de
Überbetriebliche Berufsbildungsstätten (ÜBS)	https://www.bibb.de/de/741.php
Unterweisungspläne (Heinz-Piest-Institut für Handwerkstechnik)	https://hpi-hannover.de/gewerbefoerderung/unterweisungsplaene.php
WorldSkills Germany	https://www.worldskillsgermany.com

Berufsschule

Arbeitshilfe Didaktische Jahresplanung NRW	https://broschuerenservice.nrw.de/default/shop/Didaktische_Jahresplanung/24
Berufsschule als Teil der dualen Ausbildung	https://www.bibb.de/de/137895.php
Berufsschulstandorte für anerkannte Ausbildungsberufe der Länder	https://www.kmk.org/themen/berufliche-schulen/duale-berufsausbildung/berufsschulen.html
Handreichung der KMK für die Erarbeitung von Rahmenlehrplänen	https://www.kmk.org/fileadmin/Dateien/veroeffentlichungen_beschluesse/2021/2021_06_17-GEP-Handreichung.pdf
Hubbs – Der Hub für berufliche Schulen	https://hubbs.schule
Kultusministerkonferenz (KMK)	https://www.kmk.org
Rahmenlehrpläne der KMK	https://www.kmk.org/themen/berufliche-schulen/duale-berufsausbildung/downloadbereich-rahmenlehrplaene.html
Rahmenvereinbarung der KMK	https://www.kmk.org/fileadmin/Dateien/veroeffentlichungen_beschluesse/2015/2015_03_12-RV-Berufsschule.pdf
Vereinbarung über den Abschluss der Berufsschule	https://www.kmk.org/fileadmin/Dateien/veroeffentlichungen_beschluesse/1979/1979_06_01-Abschluss-Berufsschule.pdf

Digitalisierung

Arbeitshilfe „Digitaler Wandel und Ausbildung"	https://www.jobstarter.de/jobstarter/de/service/arbeitshilfen/arbeitshilfe-nr-6-digitaler-wandel-und-ausbildung/arbeitshilfe-nr-6-digitaler-wandel-und-ausbildung_node.html
Berufsbildung 4.0 – Digitalisierung der Arbeitswelt (BIBB)	https://www.berufsbildungvierpunktnull.de
Medien- und IT-Kompetenz für Ausbildungspersonal (MIKA)	https://leando.de/mika

Plattform Industrie 4.0 (BMWK und BMBF)	https://www.plattform-i40.de
Qualifizierung digital (BMBF)	https://www.qualifizierungdigital.de

Nachhaltigkeit

Berufsbildung für nachhaltige Entwicklung – Modellversuche	https://www.bbne.de
berufsspezifische Materialien für Betriebe und Berufsschulen (Projektagentur Berufliche Bildung für nachhaltige Entwicklung)	https://pa-bbne.de
Bildung für nachhaltige Entwicklung	https://www.bne-portal.de
Globale Nachhaltigkeitsziele	https://www.bundesregierung.de/breg-de/themen/nachhaltigkeitsziele-erklaert-232174
Handlungsleitfaden „Nachhaltigkeits-Navi"	https://www.suedwestmetall-macht-bildung.de/aus-unserer-welt/news/umweltschutz-und-nachhaltigkeit-in-der-ausbildung
Materialien und Produkte aus Modellversuchen	https://www.bibb.de/de/85132.php
Nachhaltig im Beruf – zukunftsorientiert ausbilden	https://www.nachhaltig-im-beruf.de
Nachhaltigkeit 360° in der Beruflichen Bildung	https://www.bne-portal.de/bne/shareddocs/downloads/files/bne_handreichungen-bildungsber-tigkeit_berufliche-bildung_web.pdf?__blob=publicationFile&v=2

Prüfungswesen

Ausbildungsprüfung	https://www.bibb.de/de/137893.php
PAL – Prüfungsaufgaben- und Lehrmittelentwicklungsstelle	https://www.ihk.de/stuttgart/pal
Prüfen im Handwerk (ZWH)	https://www.pruefen-im-handwerk.de
Prüfer/-in werden	https://leando.de/pruefer-werden
ZPA - Zentralstelle für Prüfungsaufgaben	https://www.ihk-zpa.de

Vorgaben und Vorlagen

Ausbilder-Eignungsverordnung (AEVO)	https://leando.de/artikel/ausbilder-eignungsverordnung-aevo
Ausbildungsvertragsmuster	https://www.bibb.de/dokumente/pdf/HA115.pdf
Berufsbildungsgesetz (BBiG)	https://www.gesetze-im-internet.de/bbig_2005/BBiG.pdf
Beschlüsse und Empfehlungen des BIBB-Hauptausschusses	https://www.bibb.de/de/11703.php
Deutscher Qualifikationsrahmen (DQR)	https://www.dqr.de
Europass Zeugniserläuterungen	https://www.europass-info.de/bildungseinrichtungen/europass-zeugniser-laeuterungen
Jugendarbeitsschutzgesetz (JArbSchG)	https://www.gesetze-im-internet.de/jarbschg
Mindestausbildungsvergütung	https://www.dihk.de/de/themen-und-positionen/fachkraefte/aus-und-wei-terbildung/berufsbildungsgesetz/mindestausbildungsverguetung-fuer-aus-zubildende-festgelegt-16536
Standardberufsbildpositionen (modernisiert 2021)	https://www.bibb.de/de/134898.php

Publikationen

BMBF (Suche mittels Eingabe des Titels):

- Ausbilden für die Wirtschaft 4.0
- Ausbildung und Beruf – Rechte und Pflichten während der Berufsausbildung
- Ausbildung im digitalen Wandel
- AusbildungWeltweit fördert dein Auslandspraktikum
- Berufsausbildung in Teilzeit
- Berufsbildungsforschung (Reihe)
- Bildung vernetzt. Integration gestärkt.
- Die überbetriebliche Ausbildung digital voranbringen
- eQualification 2021
- Gemeinsam mit Partnern ausbilden – Verbundausbildung
- Nachhaltigkeit im Berufsalltag Nachhaltigkeit im Handel(n)
- Überbetriebliche Berufsbildungsstätten
- Verbundausbildung
- Von der beruflichen Schule in die Welt

https://www.bmbf.de/SiteGlobals/Forms/bmbf/suche/publikationen/suche_formular.html?nn=49194&cl2LanguageEnts_Sprache=deutsch

BIBB

Ausbildungsordnungen und wie sie entstehen	https://www.bibb.de/dienst/publikationen/de/19200
Berufsbildung für nachhaltige Entwicklung, Modellversuche 2010–2013: Erkenntnisse, Schlussfolgerungen und Ausblicke	https://www.bibb.de/dienst/publikationen/de/7453
Berufsbildung in Wissenschaft und Praxis (BWP)	https://www.bwp-zeitschrift.de
Die modernisierten Standardberufsbildpositionen anerkannter Ausbildungsberufe	https://www.bibb.de/dienst/publikationen/de/17281
Digitale Medien in der betrieblichen Berufsbildung	https://www.bibb.de/dienst/publikationen/de/9412
Förderung nachhaltigkeitsbezogener Kompetenzentwicklung	https://www.bibb.de/dienst/publikationen/de/17097
Geschäftsmodell- und Kompetenzentwicklung für nachhaltiges Wirtschaften. Selbstlernmaterial für Ausbildungspersonal und Auszubildende	https://www.bibb.de/dienst/publikationen/de/10365
Gestaltung nachhaltiger Lernorte. Leitfaden für ausbildende Unternehmen auf dem Weg zu mehr Nachhaltigkeit	https://www.bibb.de/dienst/publikationen/de/16691
Kosten und Nutzen der dualen Ausbildung aus Sicht der Betriebe	https://www.bibb.de/dienst/publikationen/de/17630
Prüfungen in der dualen Berufsausbildung	https://www.bibb.de/dienst/publikationen/de/8276
Zusatzqualifikationen in Zahlen 2021 (AusbildungPlus, BIBB)	https://www.bibb.de/dienst/publikationen/de/18196

5.4 Adressen

Bundesinstitut für Berufsbildung (BIBB)
Friedrich-Ebert-Allee 114–116
53113 Bonn
Tel.: 0228 | 107 0
https://www.bibb.de

Bundesministerium für Bildung und Forschung (BMBF)
Heinemannstraße 2 und 6
53175 Bonn
Tel.: 0228 | 99 57 0
https://www.bmbf.de

Bundesministerium für Wirtschaft und Klimaschutz (BMWK)
Scharnhorststraße 34–37
10115 Berlin
Tel.: 030 | 18 615 0
https://www.bmwk.de

Sekretariat der Ständigen Konferenz der Kultusminister der Länder in der Bundesrepublik Deutschland (KMK)
Taubenstraße 10
10117 Berlin
Tel.: 030 | 25 418 0
https://www.kmk.org

Kuratorium der Deutschen Wirtschaft für Berufsbildung (KWB)
Simrockstraße 13
53113 Bonn
Tel.: 0228 | 91 523 0
https://www.kwb-berufsbildung.de

Deutscher Gewerkschaftsbund (DGB)
Keithstraße 1
10787 Berlin
Tel.: 030 | 240 60 0
https://www.dgb.de

IG Metall
Wilhelm-Leuschner-Straße 79
60329 Frankfurt am Main
Tel.: 069 | 66930
https://www.igmetall.de

Deutsche Industrie- und Handelskammer (DIHK)
Breite Straße 29
10178 Berlin
Tel.: 030 | 20 308 0
https://www.dihk.de

Zentralverband des Deutschen Handwerks e. V. (ZDH)
Mohrenstraße 20/21
10117 Berlin
Tel.: 030 | 30 20619-0
https://www.zdh.de

Abbildungsverzeichnis